Westbahnhof
399

MESSERSCHMIDT · VOM FUHRWERK ZUM INTERCITY

VOM FUHRWERK

WOLFGANG MESSERSCHMIDT

ZUM INTERCITY

Waggonbau im Wandel der Zeit

Eisenbahn – Straßenbahn – Seilbahnwagen

MOTORBUCH VERLAG STUTTGART

Einbandgestaltung: Siegfried Horn

Bildquellen:
Historische Werkaufnahmen, Fotos aus den Archiven der Daimler-Benz AG und des Posttechnischen Zentralamtes, Aufnahmen der DB und des Verfassers.

ISBN 3-613-01241-3

1. Auflage 1988

Ein Unternehmen der Paul Pietsch-Verlagsgruppe GmbH & Co. KG.

Satz und Druck: Druckerei Röhm KG, 7032 Sindelfingen.
Bindung: E. Riethmüller, 7000 Stuttgart 1
Printed in Germany.

Inhalt

Faszination auf Rädern

Fast alle Versuche, den deutschen Waggonbau – vom Beginn der Bahnen des öffentlichen Verkehrs bis in unsere Zeit – in einem ernstzunehmenden und überzeugenden Kompendium allgemeinverständlich darzustellen, führten zu einem gewagten Balance-Akt zwischen Bauarten-Vielfalt und kompakter technisch-literarischer Erfassung.

Es sprach aber vieles dafür, eine gedrängte historische Zusammenfassung in Wort und Bild an Hand eines weltweit operierenden Industrie-Unternehmens zu bringen.

Der Verfasser wählte hierfür die Maschinenfabrik Esslingen (ME) aus, nicht nur, weil er diesem ideenreichen Unternehmen jahrzehntelang beruflich eng verbunden war, sondern weil er die ungewöhnlich weitläufige und wechselhafte Produktionsgeschichte studierte und Zusammenhänge sah.

Was eine solche, aufgrund von Archiv-Unterlagen aneinandergefügte Wagenbau-Geschichte von vielen anderen unterscheidet, ist die bemerkenswerte Tatsache, daß man in Esslingen nicht allein nahezu die ganze bekannte Palette vom Reisezug-, Vorortbahn-, Hofzug- bis zum Trans-Europ-Expreß-Wagen „beherrschte" sowie ziemlich alle Arten von Güter- und Postwagen fertigte, sondern auch Straßenbahn-, Seilbahn-, Kabel-Trambahn-, Kokslösch-, Kran- und Fahrleitungsuntersuchungswagen baute, aber auch Rollböcke für den Hukkepack-Verkehr und Triebwagen ebenso in den Lieferlisten hatte wie Zahnradbahn- und Feldbahnwagen. Und Entwürfe für Schwebebahnen fügten sich genauso ins Arbeitsprogramm wie das Waggon-Reparaturgeschäft.

Die Maschinenfabrik Esslingen, im Großraum Stuttgart gelegen und in der älteren Wirtschaftsliteratur für mehrere Jahre als „der größte, modernste und am stärksten mechanisierte Industriebetrieb Württembergs" bezeichnet, hat seit der Gründung im Jahre 1846 bis zur Stillegung der Fertigung im Jahre 1965 nahezu 26 000 Wagen für deutsche, kontinentaleuropäische und überseeische Bahnen und Verkehrsbetriebe gebaut. Viele der für diese Entwicklung typischen Waggonbau-Erzeugnisse werden hier vorgestellt.

Scharen von Konstrukteuren, Zeichnern, Kontrolleuren, Akquisiteuren, Kalkulatoren, Schreinern, Schlossern, Sattlern, Drehern und Hilfsarbeitern aller Schattierungen waren aktiv, um Tausende von Wagen in alle Welt zu schicken. Der heutige Stand der Technik, die konstruktiven Leistungen der Gegenwart basieren auf der Frucht der Mühen und Anstrengungen all jener, die zuvor mit ihrem Können und technischen Wagemut das Fundament für erfolgreiche Weiterentwicklungen legten. Und man war sich schon damals der eigenen Leistungen bewußt.

Oberbaurat Adolf Gross, einstiger „erster Direktor" der ME, schrieb zum fünfzigjährigen Bestehen: „Der Wagenbau bildete namentlich in den ersten Jahrzehnten einen der Hauptfabrikationszweige. Es sind im ganzen bis 1896 zirka 7900 Wagen fabriziert worden, und daß die Fabrik auch heute noch imstande ist, elegante und bequeme Personenwagen zu bauen, das zeigen drei Personenwagen I. und II. Klasse mit Seitengang und Schlafeinrichtung, welche die Württembergischen Staatsbahnen im September 1896 erhalten haben." – Und im Jahr 1947, also ein halbes Jahrhundert später, nachdem schon im Jahr 1940 ein 25 Meter langer Triebwagen mit der Fabriknummer 20 000 das Werk verließ, meinte Max Mayer (Maschinenfabrik Esslingen): „Im Wagenbau, der alle Wagentypen für Normal- und Schmalspur vom Salonwagen bis zum Bier- und Geflügelwagen umfaßte, sind wie im Lokomotivbau die Wagen für Bergbahnen stets eine Besonderheit gewesen . . . Es liegt in den Zeitumständen begründet, daß die ME sich gegenwärtig vor allem der Wiederherstellung von Lokomotiven und Eisenbahnwagen widmet, und wir möchten dem Wunsche Ausdruck geben, daß sie recht bald wieder ihr Fertigungsprogramm in alter Weise aufnehmen und erfüllen möge."

Nach Überwindung jener nachkriegsbedingten Krisenzeit kam die Esslinger Neuwagenproduktion wieder in Schwung, und es folgten noch mehrere tausend Wagen für die Deutsche Bundesbahn, für städtische Verkehrsbetriebe und für nah- und fernöstliche Länder.

Der Waggonbau präsentierte sich damals, in den Jahren des Optimismus, aber auch während wirtschaftlicher Rezessionen, den Zeitumständen und Forderungen der Auftraggeber angepaßt, als Hersteller ausgefeilter und individuell durchdachter Erzeugnisse, die zwar nicht unbedingt die futuristischen Tendenzen gegenwärtiger Automobiltechnik zeigten, aber überwiegend zweckorientiert und rationellen Wartungsverfahren in den Ausbesserungswerken zugänglich waren.

Wer angesichts der anfangs noch nach handwerklichen Methoden arbeitenden Wagenbau-Werkstätten und des nachfolgenden, schrittweisen Entwicklungsaufwandes bei oft nur bescheidenen Investitionen den konstruktiven Fortschritt mit unserer Bilddokumentation nachvollziehen kann, wird erstaunt sein.

Natürlich sind die inzwischen zur Historie zählenden Produktionen nicht das alleinige Verdienst Esslinger Unternehmertums und Facharbeitergeschicks. Die gesamte deutsche Waggon-Industrie hat dazu beigetragen und in einer unerbittlichen, über die Landesgrenzen hinausreichenden Wettbewerbswirtschaft harte Zeiten durchstehen müssen. Und es waren Menschen mit all ihren Schwächen und Stärken, die das Schienenfahrzeug-Geschehen prägten.

Die Geschichte der deutschen Wagenbauer mit ihren Fabriken ist nicht arm an fähigen und entschlossenen Persönlichkeiten, die als Unternehmer, Verbandsvorsitzende, Konstrukteure oder als Betriebsingenieure Hervorragendes leisteten und deren Namen auch außerhalb Deutschlands einen guten Klang haben.

Der Esslinger Waggonbau ließe sich wohl kaum entwicklungsgeschichtlich zusammenfassen, ohne auf einige der Großen dieses Fachgebietes hinzuweisen. Da war zum Beispiel Edmund Heusinger von *Waldegg* (1817–1886), einer der vielseitigsten deutschen Eisenbahntechniker des vergangenen Jahrhunderts, der dem deutschen Waggonbau mit seinen Anregungen zum „Intercommunicationswagen“ bei Seitengang-Anordnung wesentliche Impulse gab. Der sogenannte „D-Zugwagen“, also der Durchgangswagen, tauchte dann um 1890 auf fast allen deutschen Staatsbahnen auf. In die Reihe bedeutender Ingenieure gehört auch Paul *Langbein* (1842–1908), der als Leiter des Zweigwerkes Saronno der Maschinenfabrik Esslingen, mit der Entwicklung des Rollbocks und der zugehörigen Verladeanlagen, aber auch mit der Konstruktion der Blechkanten -Fräsmaschine internationale Anerkennung fand. –

Der Ersatz der weder quer- noch längsverschiebbaren Radsätze, die kaum einen Achsstand von über 4,5 Meter zuließen, führte durch mehrere gemeinsame Überlegungen zu den „Lenkachsen“, die sich im Gleisbogen nach dem Mittelpunkt einstellten. Der Verein deutscher Eisenbahnverwaltungen hatte viel zu ihren Entwicklungen beigesteuert. Deshalb sprachen die Eisenbahner von „Vereins-Lenkachsen“, die es in verschiedenen Konstruktionsvarianten gab. Aus Furcht vor Entgleisungsgefahr bevorzugten viele Betriebsdienste die durch eine Gestängekupplung gesteuerten radial einstellbaren Lenkachsen, bevor sich die freien Lenkachsen nach Vereinsbauart behaupten konnten. –

Wer immer davon geträumt hatte, im Salon zu reisen, der sollte sich an August *Bode* (1875–1960) erinnern. August Bode förderte in Kassel nicht nur die Projektarbeiten des berühmten Henschel-Wegmann-Zuges, sondern auch die Leichtbau-Wagenkonstruktionen und die Herstellung von Sonder- und Salonwagen mit hochwertiger Innenausstattung. Für Bode gab's beim Reisekomfort keine Kompromisse.

Ebenso zielstrebig und erstaunlich ideenreich vertrat Ernst *Kreissig* (1879–1966) in Uerdingen seine Konstruktionen. Die Uerdinger Ringfeder, der Leichtradsatz und seine grundlegenden Publikationen machten Kreissig zu einem pionierhaften, mit der Theorie verbundenen Wagenbau-Ingenieur, der übrigens auch führend beteiligt war an der seinerzeitigen Umstellung der Straßenbahn-Wagenstrukturen vom Holzbau auf Stahlleichtbau. Und wenn noch einer die Freude am Eisenbahnfahren mitinszenierte, dann war das sicherlich auch Adolf *Mielich* (*1898). Als langjähriger Leiter des Versuchsamtes für Wagen der Reichsbahn erarbeitete er zahlreiche Untersuchungsverfahren als Basis für die Bewertung der Fahrzeug-Laufeigenschaften. Und bei der Deutschen Bundesbahn, als Chef der Wagenbau- und Einkaufsabteilung sowie als rühriger Dezernent für Personen-, Gepäck- und Postwagen im Bundesbahn-Zentralamt Minden hat er mit viel Elan um neue Konstruktionen gefochten. Die Einführung der 26,4-Meter-Wagen und des Drehgestells der Bauart Minden-Deutz gehen auf das Konto seiner Initiativen.

Während der Zeit nach 1945 erwarb sich in Esslingen vor allem Karl *Mümmler* (1905–1984) mit seinen vereinheitlichten Nahverkehrs-Dieseltriebwagen-Baumustern und, in Zusammenarbeit mit den Stuttgarter Straßenbahnen, mit der Entwicklung der Gelenkwagen GT 4, die sich durch eine verblüffende Laufwerk-Kinematik und Triebwerk-Disposition auszeichneten, große Verdienste. –

Wegen der Vielzahl der Wissensgebiete, der Projektstudien, der Forschungsarbeiten zur Fahrzeugführung im Gleis und der rechnerischen Erfassung statisch unbestimmter Systeme kann sich die Würdigung der beteiligten und schrittmachenden Ingenieure hier nur in solchen Andeutungen bewegen.

Adolf Störiko hatte sich in den hinter uns liegenden siebziger Jahren in seiner Jubiläums-Verbandsschrift vorwiegend mit der wirtschaftlichen Entwicklung der Waggon-Industrie, mit ihren Organisationen, mit ihren syndikatsähnlichen Gebilden, Kooperationen und Fachgliederungen beschäftigt. Unser Buch jedoch, das ohne die hilfreiche Unterstützung des Archivs der Daimler-Benz AG sicherlich nicht in diesem Umfang zustande gekommen wäre, umreißt das fast hundertzwanzig Jahre umfassende Konstruktionsspektrum des ME-Waggonbaues, das gleichzeitig als Spiegelbild der Aktivitäten deutscher Wagenbauer einen faszinierenden Teilaspekt der allgemeinen Schienenfahrzeug-Geschichte vermitteln kann, ohne in alle technischen Einzelheiten vorzudringen.

Maschinenfabrik Esslingen und Initialzündung

Die ersten Angebote

Ludwig Klein, im Auftrag der Königlichen Eisenbahnkommission auf eine Studienreise in die Vereinigten Staaten von Amerika geschickt, schlug für Württemberg die Einführung von Drehgestell-Personenwagen mit Mittelgang vor. Solche Wagen entsprachen einer für den Eigenbedarf als mustergültig erachteten Konstruktion, die sich bei der Baltimore-Ohio-Bahn bewährt hatte.

Noch vor der Gründung der Maschinenfabrik Esslingen gingen aufgrund einer Ausschreibung vier Angebote bei der Staatsbahn ein, die acht baugleiche achträdrige Personen-, zwei vierrädrige Gepäckwagen und sechs achträdrige offene Güterwagen für den Verkehr zwischen Cannstatt und Untertürkheim offerierten. Anbieter waren das Handlungshaus Schill, Köbel & Müller (Vertreter der „Gesellschaft Stuttgarter Wagenbauer"), der Kaufmann G. H. Keller, Cannstatt (in Verbindung mit Pauwels & Talbot in Aachen), die Firma Winkens & Compagnie in Halle (zusammen mit Starker & Münch in Stuttgart) und Emil Kessler in Karlsruhe. Den Zuschlag bekamen Winkens & Compagnie.

Die Maschinenfabrik Esslingen war noch nicht im Rennen. Emil Kessler, zunächst noch in Karlsruhe ansässig, war bei der Vorausplanung des Kapitalbedarfs für das zu gründende Esslinger Unternehmen schon im Jahr 1845 von einer Jahresproduktion von 25 bis 30 Lokomotiven für je 25 000 Gulden und von 100 Güterwagen zu je 1200 Gulden ausgegangen.

Zwei Jahre später beschrieb man das im Entstehen begriffene, aber schon mit der Produktion beginnende Esslinger Werk mit einer Jahreskapazität von 15 Lokomotiven und Tendern, mit 60 achträdrigen Wagen und mit 10 000 Zentnern Guß- und Schmiedeteilen. In der Tat konnte schon im Oktober 1846 in der Wagenbau-Werkstätte die Fertigung beginnen. Die ersten Rohbau-Waggons für Württemberg standen, wohl noch ohne das notwendige „Finish", Ende des gleichen Jahres auf den Schienen und harrten ihrer Abnahme.

Am 31. März 1847, ungefähr ein Jahr nach der Unterzeichnung des Gesellschaftsvertrages, rollte dann – gewissermaßen als „Initialzündung" für den eigenen Wagenbau – der erste, für die Württembergischen Staatseisenbahnen bestimmte achträdrige Zweite-Klasse-Personenwagen aus der Montagehalle. Seine Konstruktion galt allerdings noch als adaptierte Kopie eines von dem New Yorker Untenehmen Eaton Gilbert & Cie erworbenen Musterwagens. Der Grundriß zeigte Quersitze beiderseits eines Mittelgangs und Stirnwand-Wagenkasten-Plattformen mit Aufstiegen.

Etwa bis zum Jahr 1860 bestanden die Untergestelle und die Drehgestellrahmen der württembergischen Wagen aus Eichenholzbalken.

Die Maschinenfabrik Esslingen stützte sich also zunächst auf den Rollmaterialbedarf Württembergs, während andere „Wagenbau-Anstalten" schon von früher entstandenen deutschen Bahnen profitierten. Es war ja kein Zufall, daß Nürnberg und Leipzig die Ausgangspunkte der ersten deutschen Eisenbahnen wurden. Dort trafen sich immerhin die großen Verbindungsstraßen zwischen Norden und Süden. Und ganz sicher war gerade unser damals aus 36 Kleinstaaten ohne zusammenfassende Reichsgewalt bestehendes Land, das weder ein einheitliches Maß- noch Gewichtssystem, noch ein einheitliches Münzsystem kannte, und in dem jeder Reisende bei längerer Fahrt die verschiedenen Zollgrenzen passieren mußte, die Ursache für Friedrich Lists Ideen zur Errichtung eines „nationalen Transportsystems" und einer deutschen „Zolleinheit".

Die Eisenbahnen brachten schließlich auf allen Gebieten der Wirtschaft einen gewaltigen Auftrieb. Und durch ihre Bestellungen wurden sie auch zum Auftraggeber für Handwerk und Industrie. Bergwerksgesellschaften, Stahl-Industrie, Gießereien, Walzwerke, Lokomotiv- und Waggonbauer erlebten Blütezeiten ebenso wie die Bau-Industrie, die Holz- und Forstwirtschaft.

Die Maschinenfabrik Esslingen wurde im südwestdeutschen Raum das erste dauerhaft produzierende Unternehmen, das schon vor der Mitte des vergangenen Jahrhunderts den Bau von Eisenbahnwagen, wie es hieß, „reihenweise" für Württemberg aufnahm.

Kartelle und das größte deutsche Schienenfahrzeug-Programm

Die erste deutsche Wagenbauanstalt ist 1837 vom britischen Wagenbauer Thomas Wordsell in Leipzig gegründet worden. Sie bestand nicht sehr lange, und auch Adolf Störiko, einstiger Geschäftsführer des Fachverbandes Waggonbau, erwähnt das Leipziger Unternehmen in seiner Festschrift „100 Jahre Verbände der deutschen Waggonindustrie" mit nur einem Satz. Jedenfalls kamen dann dazu in Nürnberg Klett & Co., aus der später die Maschinenfabrik Augsburg-Nürnberg (MAN) hervorging, die Eisenbahnwagen-Fabrik P. Pauwels & Talbot in Aachen, die Gebrüder Gastell in Mainz und Van der Zypen & Charlier in Köln-Deutz.

Bis zur Gründung des Vereins deutscher Eisenbahn-Verwaltungen (1847) folgten vor allem noch Gottfried Linke in Breslau und die Maschinenfabrik Esslingen.

Mehrere andere Fabriken hatten zwar ein früheres Gründungsdatum, verschwanden aber recht schnell oder sie nahmen den Eisenbahnwagenbau jedoch erst später auf. Dazu gehörten Gottfried Lindner in Ammendorf bei Halle und Leopold Steinfurt in Königsberg.

Wie sich im Laufe der Jahrzehnte, besonders in Krisenzeiten, herausstellte, nahm der Wettbewerb im Waggongeschäft Formen an, die zu Stillegungen, Kooperationen, Firmenzusammenschlüssen und Kartellbildungen führten.

Die Maschinenfabrik Esslingen trat dem im Jahr 1877 gegründeten „Deutschen Wagenbau-Verein" bei, um innerhalb dieses organisatorischen Zusammenschlusses in gemeinsamen Anstrengungen der damaligen Rezession und den großen Preiseinbrüchen begegnen zu können.

Es zeigten sich also Parallelen zur Lokomotiv-Industrie und deren Verbandswesen. Aber die Verständigung über die Verteilung und die Art der Aufträge ließ manchen Verband scheitern. Viele Unternehmen hofften auf die Wirksamkeit neuer regionaler Vereinigungen und export-orientierter Zusammenschlüsse, darunter die „Norddeutsche Wagenbau-Vereinigung" und der „Eisenbahnwagen-Ausfuhr-Verband". Einige Zeit nach Gründung der „Eisenbahnwagen-Liefergemeinschaft GmbH" (EISLIEG) entstand der sogenannte „Wagenring", dem die Maschinenfabrik Esslingen beitrat. Der im Dezember 1926 abgeschlossene Reichsbahnvertrag vereinigte schließlich 30 deutsche Eisenbahnwagen-Hersteller zur „Deutschen Wagenbau-Vereinigung" (D.W.V.). Jede Fabrik erhielt einen Quotenanspruch auf den alljährlichen Reichsbahn-Gesamtauftrag. Im Jahre 1928 schlossen sich die Linke-Hofmann-Werke AG (Breslau), die Waggon- und Maschinenfabrik AG vorm. Busch (Bautzen), die Aktiengesellschaft für Eisenbahnbedarf (Weimar) und die Sächsische Waggonfabrik Werdau AG zur „Linke-Hofmann-Busch-Werke AG" zusammen, womit die größte Gruppe mit einer Quote von 22,74 % im deutschen Waggonbau entstand. Andererseits rückten die Firmen Van der Zypen & Charlier GmbH (Köln-Deutz), Düsseldorfer Eisenbahnbedarf vorm. Carl Weyer & Co. (Düsseldorf), Killing & Sohn (Hagen/Westfalen) und die Waggonfabrik Gebr. Gastell (Mainz-Mombach) zusammen und bildeten die „Vereinigten Westdeutschen Waggonfabriken" mit der zweitgrößten Quote von 17 %.

Nach einer Neuordnung und einem Vertrag des Jahres 1937 änderten sich die Quoten. Zahlreiche Mitgliedsfirmen wurden mit weniger als 3 % eingestuft: Orenstein & Koppel 2,94 %, Waggonfabrik Steinfurt 2,702 %, Waggonfabrik Wismar 2,557 %, Gebrüder Credé & Co. 2,653 %, Gottfried Lindner AG 2,509 %, Maschinenfabrik *Esslingen* 2,380 %, Gothaer Waggonfabrik 2,360 %, Siegener Eisenbahnbedarf AG 2,251 %, Beuchelt & Co. 2,026 %, Waggonfabrik Jos. Rathgeber AG 1,852 % und Waggonfabrik AG Rastatt 1,351 %.

Die Quotenregelung gab ständig Anlaß zu Unstimmigkeiten. Und für die Kenner der unterschiedlichen Interessen war in den zwanziger Jahren klar, daß sich die hundertprozentig zusammengeschlossene Waggon-Industrie wohl kaum bilden ließ. Ein besonderes Kapitel waren die Bestrebungen zur Kartellierung des freien Waggongeschäfts und die Quotenfestsetzung für die Aufträge der Privateisenbahnen und des Straßenbahn-, Hochbahn- und Kleinbahn-Wagenbaues. Mit der Gründung der DEUWI (Deutsche Waggon-Industrie, Berlin) Ende der zwanziger Jahre schuf man zwar ein Kartell, erreichte jedoch nie die Bedeutung der D.W.V. Die zum Gutehoffnungshütte gehörende Maschinenfabrik *Esslingen* stand außerhalb der DEUWI. Sie wäre, wie es damals hieß, anerkanntermaßen bei der Quotenfestsetzung zu ungünstig weggekommen.

Ohne auf alle sonstigen Bindungen und Vertragsstrategien eingehen zu wollen, sollen nur noch die zahlreichen, auch in der seinerzeitigen Fachpresse ausgetragenen Diskussionen um ein europäisches Waggonkartell, über Transaktionen bei der damals den Linke-Hofmann-Werken gehörenden Rigaer Waggonfabrik im Hinblick auf den Erwerb der anderen lettländischen Wagenbauanstalt Dvigatel, aber auch um die vertraglich ungebundenen „Außenseiterfirmen" und über die staatlichen Eingriffe in das Verbandswesen der Jahre 1942 bis 1945 erwähnt werden, um die Turbulenzen des früheren Wagenbau-Geschäftes zu charakterisieren.

Nach dem Zweiten Weltkrieg entstand in der Bundesrepublik Deutschland aus dem „Fachverband Waggonbau" die „Vereinigung Deutscher Waggonfabriken", danach der „Verband der Waggonindustrie e. V.", dem die Maschinenfabrik *Esslingen* bis zum Ende ihrer Fertigung angehörte.

Das Esslinger Werk erreichte mit seinen Liefer- und Umsatzzahlen im Waggonbau keine deutsche Spitzenposition. Aber als Lokomotiv-, Waggon- und Maschinenfabrik mit eigenem Gießereibetrieb, Kran- und Brükkenbau besaß das Esslinger Unternehmen neben der Linke-Hofmann-Busch-Gruppierung für viele Jahrzehnte mit großer Wahrscheinlichkeit das größte Schienenfahrzeug-Programmangebot aller einschlägigen deutschen Werke. Die Palette der Offerten für alle Spurweiten war enorm:

- Reisezug-, Salon-, Gepäck- und Postwagen, Schlafwagen
- Güterzugwagen aller Art, darunter auch Spezialwagen wie Schüttgut-, Kessel-, Kokslösch-, Kran-, Schwerlast-, Faß-, Vieh-, Geflügelwagen und Tieflader
- Straßenbahn-Trieb- und -Beiwagen, Gelenkwagen, Doppelstockwagen
- Pferdebahnwagen, Feldbahn-, Kleinbahn- und Industriebahn-Fahrzeuge
- Rollböcke und Werkstattwagen, Schneepflüge
- Standseilbahnwagen, Kabel-Straßenbahnen und Schwebebahnwagen
- Diesel-Triebwagen und -Triebzüge, Elektro-Triebwagen und Elektro-Triebzüge, Steuerwagen
- Güter-Triebwagen (für Kokereien)
- Turm- und Fahrleitungsuntersuchungswagen
- Zahnradbahnen und Zahnstangen, Wagen mit Bremszahnrädern für Zahnstangen-Steilstrecken
- Dampftriebwagen
- Dampf-, Diesel- und Elektro-Lokomotiven aller Art, auch Grubenlokomotiven
- Schiebebühnen und Drehscheiben

Für den Bau von Schiebebühnen, Drehscheiben und Weichen gab es in der ME keine besondere Abteilung. Anfangs kannten die Betriebstechniker überhaupt keine streng getrennten Produktionswerkstätten. Der Weichenbau, die Herstellung von Stahlhoch- und Brückenkonstruktionen sind zunächst je nach Auftragseingang gemeinsam in die vorhandenen Fertigungskapazitäten „eingeschoben" worden. Später hatte sich dann die inzwischen gebildete Brückenbau-Abteilung mit der Lieferung von Drehscheiben, Schiebebühnen und Krananlagen beschäftigt. Nachdem die Konstruktion und Fertigung der Weichen für die Württembergischen Staatsbahnen vom damaligen staatlichen Werk Wasseralfingen übernommen wurde, hat sich in Esslingen anstelle des Weichenbaues eine besondere Abteilung für das Eisenbahnsicherungswesen installiert, womit das Esslinger Werk eigentlich vordergründig zu einer „Eisenbahn-Maschinenfabrik" hochstilisiert worden war, zumal auch ganze stählerne Bahnhofsbauten und Bahnwerkstätten ins Programm gehörten.

In Ergänzung eines Vertrages vom 2. Juni 1911 „betreffend Lieferung von Güterwagen" an die Württembergische Staatsbahnverwaltung berichtete die ME kurz zuvor mit Datum vom 20. März 1911: „Bis zum Jahre 1911 haben wir 9200 Eisenbahnwagen geliefert, die sich auf eine große Anzahl Personenwagen mit Polsterung einschließlich Salon- und Schlafwagen, Personenwagen mit Holzsitzen, Postwagen, Gepäckwagen, gedeckte und offene Güterwagen, Spezialwagen sowie Straßenbahnwagen verteilen. Für die in Angriff genommene Verlegung unseres Wagenbaues aus der Stadt Esslingen heraus in unsere neue Fabrik nach Mettingen ist daselbst ein besonderes, durch die Hauptschiebebühne und Fabrikhauptstraße von den anderen Betrieben getrenntes Areal im Meßgehalt von 44 000 m² vorgesehen, zu welchem im Bedarfsfalle noch weitere 20 000 m² hinzukommen. Die Werkstätten sind derart angeordnet, daß ohne weiteres eine Vergrößerung derselben um 40 bis 50% möglich ist." – In jenen Jahren um 1911 waren allein im Waggonbau bis zu 270 Arbeiter beschäftigt. Später stieg die Wagenbauer-Belegschaft auf über 500, und beim Auslaufen dieses Fertigungszweiges im Jahr 1965 waren es noch 350 Mann, während die gesamte ME zur gleichen Zeit auf ihrem 437 000 m² großen Werkgrundstück eine auf 3300 Betriebsangehörige geschrumpfte Mitarbeiterschaft zählte.

Reisezugwagen für Deutsche Bahnen

Die ältesten deutschen Waggonfabriken lehnten sich im Personenwagenbau an die bereits wohlbekannten Straßenfuhrwerke, speziell an die Postkutsche an. Die Eisenbahnwagen-Fahrgestelle waren schon um 1835 mit mindestens zwei Radsätzen, mit kegeligen Radreifen und innenseitigen Spurkränzen sowie außen angeordneten Achslagern gekennzeichnet. Die Klassentrennung, viele konstuktive Eigenheiten und manche Zulieferteile übernahm man aus England. Der kurze Achsstand und die zunächst nur ungefähr 1,6 m hohen Wagenkästen machten das Reisen nicht gerade zum Hochgenuß, wenngleich der Reiz des Neuen das Publikum neugierig machte.

Auftakt mit Drehgestell-Fahrzeugen

Die Württembergischen Staatsbahnen setzten ihre Hoffnungen in die Amerikaner, die im Jahr 1834 mit ihren auf Drehgestellen fahrenden Durchgangswagen mit Mittelgang für viele betriebstechnische und wirtschaftliche Konditionen eine weitaus bessere Lösung fanden.
Als die württembergische Eisenbahn-Kommission im Mai 1846 für die Strecken Friedrichshafen – Ravensburg, Plochingen – Süssen und Ludwigshafen – Bietigheim die Angebote für 71 Eisenbahnwagen einholte, gehörte die neu entstandene Maschinenfabrik Esslingen zu den konkurrierenden Anbietern. Die ME hatte Erfolg und bekam Aufträge für 46 Wagen, während Starker & Münch 25 Wagen bauen konnte. Doch Starker & Münch in Stuttgart geriet bald wegen mangelnden Auftragsbestandes in Finanznöte. 1850 kaufte die ME den Stuttgarter Konkurrenten für 11 000 Gulden, um ihn zu liquidieren.
Wie sich das Wagenbaugeschäft der Maschinenfabrik Esslingen bis zum Jahr 1880 entwickelte und sich in das Gesamtprogramm mit Lokomotiv-, Maschinen- und Brückenbau einordnete, können wir anhand statistischer Daten erkennen:
Im Jahr 1849 verzeichnete der ME-Waggonbau 21%, der Lokomotivbau 54,4% des Geldwertes der gesamten Jahresablieferungen der Maschinenfabrik Esslingen, so daß man vereinfachend hier und im folgenden von Umsatzanteilen sprechen kann. 1850, also ein Jahr später, wuchs der Wagenbau-Umsatzanteil auf 23,9%, während der Lokomotivbau auf 45% zurückfiel.
Im allgemeinen lag der Wagenbau-Lieferanteil innerhalb des Esslinger Werkes niedriger als im eigenen Lokomotivbau. Aber es gab auch Ausnahmen: 1851 überflügelte die Waggonproduktion mit 69% Jahres-Lieferanteil (bei etwa 150 hergestellten Eisenbahnwagen) den Lokomotivbau bei weitem, der nur knappe 20% erzielte.
Auch 1854 hatte der Wagenbau bei fast 38% am Jahresumsatz (gegenüber 54,6% der Lokomotiv-Abteilung) ein prächtiges Spitzenergebnis.
Das Jahr 1855 brachte nahezu eine Kapazitätsgrenzleistung: Die Waggonbauer registrierten einen Umsatzanteil von 25,7%, ihre Mitstreiter der Lokomotivsparte einen solchen von 66,8%, wobei noch von einem „Auftragsstau" mit 338 Wagen und 127 Lokomotiven die Rede war.
Im Jahr 1856 produzierten die Esslinger etwa 320 Wagen bei einem Umsatzanteil von 24% (Lokomotivbau 71%).
Natürlich waren solche Zahlen kein Maßstab für das Gewicht und die Dimensionen der gelieferten Schienenfahrzeuge, außerdem machten sie keinerlei Aussage über die jeweilige Ertragslage. Trotzdem lassen sie gewisse Trendlinien erkennen.
So registrierte die Statistik der Wagenbau-Werkstätten im Jahr 1860 die Herstellung von 111 Wagen, im Jahr 1863 sogar von 274 Wagen jeweils nur für Württemberg. Ausgesprochen wagenbauschwache Jahre hatte man 1868 und 1875 mit nur 9% Jahresumsatzanteil und 1870 mit kärglichen 7%. Das Jahr 1877 bescherte den bis dahin nocht nicht dagewesenen Tiefstand von 5%, während der Lokomotivbau seinen Umsatzanteil auf 88% hochschraubte.
Die „Restprozente" im jeweiligen Jahresumsatz entfielen vordergründig auf den Maschinen-, Eisenhoch- und Brückenbau, wobei die Brückentechniker im Jahr 1868 auf 20% Umsatzanteil kamen, den sie 1880 beinahe wieder erreichten. 1880 lagen der Wagenbau bei nur 11% und der Lokomotivbau bei 68%.

Spätere Verschiebungen im Gewicht der einzelnen Anteile resultierten nicht allein aus konjunkturellen Einflüssen, sondern auch aus neuen Konzernstrukturen mit dem Zweigwerk Saronno bei Mailand, den elektrotechnischen Werkstätten (Elektron) und sonstigen Diversifikationen durch Zukäufe.
Der amerikanisch geprägte „Intercommunicationswagen“ war bald ein aussichtsreicher Wettbewerber für den „Coupé-Wagen“. Freilich konnten die Vertreter dieser Abteilwagen viele Pluspunkte buchen: Schnelleres Ein- und Aussteigen durch die zahlreichen Türen, Ungestörtheit des im Abteil „unter sich“ reisenden Publikums, keine Beeinträchtigung der Reisenden beim Durchlauf der platzsuchenden oder zur Toilette gehenden Fahrgäste.
Die Maschinenfabrik Esslingen begann zwar mit den Durchgangswagen in Drehgestellbauweise, baute dann aber auch zwei- und dreiachsige Coupé-Wagen, wenn sie verlangt wurden.
Auch bei den Bremsausrüstungen änderte sich die Technik: An die Stelle der einlösigen Einkammer-Druckluftbremse trat die mehrlösige Kunze-Knorr-Bremse, die seit Anfang der zwanziger Jahre auch in den Güterzugbetrieb eindrang. Sie ist dann über die Hildebrand-Knorr-Bremse zur Knorr-Einheitsbremse fortentwickelt worden.

Mahagoni-Tische und umlegbare Rückenlehnen

Zu den im allgemeinen vorhandenen drei Wagenklassen kam in der ersten Hälfte des vorigen Jahrhunderts auf vielen Bahnen noch eine vierte Klasse hinzu. Man hielt sie für notwendig auf Strecken mit niedrigen Tarifen für Zeitkarten, vor allem im Industriearbeiter- und sonstigen Berufsverkehr wie zum Beispiel im Ruhrgebiet und in säschsischen Industriezonen.
Die Innenausstattungen der anderen zwei- und dreiachsigen Wagen für die traditionellen Klassentrennungen konnten sich inzwischen durchaus sehen lassen: In der 1. Klasse gab es bereits auf der ganzen Wagenbreite drei Sessel mit je einem Sitzplatz. In der 2. Klasse fand man das wagenbreite „Sofa“ zu vier Plätzen. Bis in die achtziger Jahre des vorigen Jahrhunderts pflegte man noch Sitzgruppentrennungen, in der 3. (Holz-)Klasse durch halbhohe Scheidewände, in der 1. und 2. Klasse bis an die Decke reichende Abteiltrennwände. Viele von der Maschinenfabrik Esslingen gebaute Reisezugwagen besaßen 1. Klasse-Abteile mit Spiegel und feststehenden Mahagoni-Tischen. Die Polstersitze der 2. Klasse erhielten sogar umlegbare Rückenlehnen, die allerdings später von einer starren Anordnung abgelöst worden sind.
Daß anfangs nur die 1. Klasse-Wagen verglaste Fenster, die 2. Klasse aber nur lederne Wettervorhänge hatten und die 3. Klasse-Wagen ganz offen waren, macht noch einmal die Erinnerungen an die alte Postkutschenzeit lebendig mit Extra-, Eil- und gewöhnlicher Post. Die Standesunterschiede – Adel, Geistlichkeit, Militär, Bürgertum, Studentenschaft, Bauern, aufkommender Industriearbeiterstand – erklären die früheren recht starren Standesschranken mit ihrer Klasseneinteilung. In der 3. Klasse mußten fünf Personen auf einer Holzbank Platz nehmen und für die Fahrgäste der 4. Klasse gab es ursprünglich nur Steh-Wagen!
Wer heute durch ein Verkehrs- oder Eisenbahn-Museum schlendert, aber auch wer sich in einem Bildband über die Geschichte des Wagenbaues informiert, der wird rasch erkennen, daß der Reisezugwagen weltweit immer ein Ausdruck seiner Zeit und der geistlichen und weltlichen Einflußsphären war.

Vierachsige Reisezugwagen für die Deutsche Bundesbahn

Die nach 1945 einsetzende Neuentwicklung von Reisezugwagen der Deutschen Bundesbahn war gekennzeichnet durch die große geführte Fahrzeuglänge mit vergrößertem Drehzapfenabstand und die Verwendung schraubengefederter Drehgestelle der Bauart Minden-Deutz. Die damit allgemein durchgesetzte Verlängerung der Wagen auf 26,4 m über Pufferteller führte zu einheitlichen Reisezugwagen-Hauptabmessungen mit 19 m Drehzapfenabstand (gute Laufeigenschaften mit geringen Schwingungsamplituden), 940 m Laufkreisdurchmesser der Radsätze und 2,5 m Drehgestell-Radstand.
Die Wagenkasten-Strukturen der einzelnen Typengruppen glichen sich weitgehend. Sie wurden aus leichten stählernen Walzprofilträgern geschweißt, wobei die äußere Blechhaut zum Tragen herangezogen wurde.
Der Übergang zur langen Wagenkonstruktion war die planerische Konsequenz einer verkehrsbedingten Forderung nach erhöhtem Reisekomfort. Adolf Mielich (* 1898), zuletzt Leiter der Wagenbau- und Einkaufs-

abteilung sowie Dezernent für Personen-, Gepäck- und Postwagen des Bundesbahn-Zentralamtes in Minden, hatte sich um die Wagen-Entwicklung verdient gemacht. In internationalen Gremien verfocht er mit Elan die von ihm erdachten Lösungen, die auch häufig zur allgemeinen Einführung gelangten. Die 26,4-m-Wagen und alle in diese Grundkonzeption passenden Varianten gehören zu Mielichs Vorstellungen.

Die seinerzeit von der deutschen Waggon-Industrie in Zusammenarbeit mit der DB entwickelten Reisezugwagen, also die Schnellzugwagen der Bauart 54, die Eilzugwagen der Bauart 51, die Wendezug-Steuerwagen, die Gepäckwagen, aber auch die Bahnpostwagen unterlagen der konstruktiven Vorbedingung für 200 t Pufferdruck (zentral in Puffer-Ebene), für 40 t Druck auf zwei diagonal gegenüberliegende Puffer und für 40 t Druck in Höhe der oberen Fenstergurte.

Der 26,4-m-Schnellzuwagen wurde als Typ X international standardisiert. Solange der von der DB favorisierte Gummiwulst-Übergang für den RIC-Verkehr (Regolamento Internazionale Carrozze) noch nicht zugelassen war, sind 1953/1954 noch 16 Wagen mit Faltenbälgen geliefert worden.

Um 1960 hatte der 26,4-m-Wagen auch im Nahverkehr seine bevorzugte Position erhalten. Mit dem Bau der 26,4-m-Wagen wurde fast die gesamte deutsche Waggon-Industrie, auch die ME beauftragt. Bis zum 30. Juni 1959 waren beispielsweise 997 Wagen der Gattung B 4ümg-54 ausgeliefert, und 171 Einheiten befanden sich am 1. Juli 1959 noch im Auftragsbestand.

Die Maschinenfabrik Esslingen beteiligte sich am damaligen Beschaffungsprogramm der DB mit der Lieferung von vierachsigen 2.-Klasse-Schnellzugwagen (B 4ümg–54) sowie mit der Herstellung von vierachsigen 2.-Klasse-Eilzugwagen (B 4ymg–51) und 3.-Klasse-Eilzugwagen (C 4ymgb–51).

Die für 140 km/h zugelassenen Wagen erhielten eine Stromversorgung mit kardangetriebenem Generator und Batterie. Die Glühlampen für den Gang (Schnellzugwagen), für Notlicht und Leselampen wurden mit 24 V Gleichstrom gespeist. Einanker-Umformer oder Turbo-Wechselrichter versorgten die Leuchtstofflampen (200/220 V, 50 Hz) mit Wechselstrom.

Schließlich müssen hier noch die Reisezugwagen B 4ym(f)–51 (Wagen Nrn. 40 001–052) für den Städteschnellverkehr genannt werden. Es waren sogenannte Führerstandwagen für den Wendezugbetrieb, die zusammen mit den Wagen 40 501–822 (Gattung B 4ymb–51) in Liefergemeinschaft der Firmen Wegmann, Maschinenfabrik Esslingen, Hansa-Waggonbau, Linke-Hofmann-Busch, MaK, MAN, Orenstein & Koppel, Waggonfabrik Rastatt, Rathgeber und Talbot gebaut worden sind.

Güterzugwagen für Deutsche Bahnen

Im Jahr 1848 lagen der Maschinenfabrik Esslingen außer der Bestellung dreier Lokomotiven für die hessische Kurfürst-Friedrich-Wilhelm-Nordbahn fast nur württembergische Schienenfahrzeug-Aufträge vor, darunter acht vierachsige Personenwagen und 33 „Transportwagen". Damit war das Etablissement keineswegs ausgelastet. Einige Jahre danach, im April 1855, hatte sich ein ganz ungewöhnlicher Rückstau von Schienenfahrzeug-Aufträgen gebildet, so daß einige Pläne reiften, die Kapazität der Fabrikanlagen auf jährlich 50 Lokomotiven und 400 Eisenbahnwagen zu erhöhen.
Nicht alle hereingenommenen Aufträge brachten Gewinn. So war beispielsweise in den Jahren 1864/1865 die Herstellung von 150 Kohlenwagen für die Pfälzische Ludwigsbahn ein Verlustgeschäft. Mehr Freude hatten die Kalkulatoren an den Bestellungen von 300 breitspurigen Güterwagen für die Bahn von Odessa nach Elisabethgrad. Die Verschiffung dieser für 1524 mm Spurweite bestimmten Güterwagen begann im April 1866 in Antwerpen.

Zwei-, Vier- und Sechsachser für alle Transportaufgaben

Die ersten Esslinger Güterwagen, in den Jahren 1846/1847 für Württembergs Staatsbahnen produziert, entstanden nach Vorbild eines Musterfahrzeugs der Wagenfabrik von Betts, Pusey & Harlan in Wilmington (Delaware/USA). Es handelte sich um gedeckte Drehgestell-Güterwagen mit Schiebetüren. Diese Vierachser erhielten eine Länge über Puffer von etwa 11 300 mm und ein Ladegewicht in der Größenordnung von 10 t. Auch die anderen in Esslingen hergestellten offenen Güterwagen für Württemberg zeichneten sich durch die gleiche Grundkonzeption in wahrscheinlich dunkelgrünem Anstrich mit Drehgestell-Achsständen von nur 1212 mm und 10 t Ladegewicht aus.
Von der Mitte der sechziger Jahre an verlangten die Bahnverwaltungen vorzugsweise zweiachsige Güterwagengattungen. Dreiachsige Fahrgestelle, ebenfalls unverzichtbar, kamen hauptsächlich in Betracht für Gepäck- und Postwagen sowie für schmalspurige offene und gedeckte Güterwagen, aber auch für die Langholzwagen der kleinen Spuren.
Zwei-, Vier- und Sechsachser – beispielsweise als Equipagen-Transporter, als Wagen zur Beförderung von Stückgut aller Art, von Kohle, Holz, Kies, Erz, Vieh, Geflügel, landwirtschaftlichen Produkten, als Plattformwagen für Walzwerk-, Schmiede- und Gießerei-Erzeugnisse (Schienen, Rohre, Profilstähle, Brammen, Bleche und Maschinenteile) – gingen an württembergische Haupt- und Nebenbahnen, an Werk- und Industriebahnen in ganz Deutschland, an die Heeresfeldbahnen, an die Deutsche Reichsbahn und die Deutsche Bundesbahn.
Die Deutsche Reichsbahn, die viele tausend Güterwagen im Bestand hatte, brachte im Jahr 1922 durch besondere Kennzeichnung eine einprägsame Ordnungssystematik in die Vielfalt ihrer zum großen Teil noch von den Länderbahnen übernommenen „Güterwagen-Flotte". Dabei wurden die Güterwagen bestimmten Gattungsbezirken zugeordnet, womit sie Aufschriften wohlklingender Städtenamen erhielten. Der Gattungsbezirk wurde zum feststehenden Begriff. Anfangs wurden hierfür ausschließlich die Namen von Städten mit Direktionssitzen vorgesehen. Durch politische Veränderungen und Gebietsabtretungen gab es jedoch immer wieder Korrekturen. Aus der langen Liste der Wagengattungen mit ihren Bezirken können hier nur einige herausgegriffen werden: „Breslau", „Kattowitz" und „Essen" für die zur Kohlebeförderung eingesetzten offenen (Om-)Wagen, „Königsberg" für gedeckte (Gs-)Wagen mit Umspurradsätzen, „Berlin" für (Gk-)Kühlwage), „Stuttgart" für (R-)Rungenwagen oder „Köln" für (SS)-Schienenwagen. Mit der Auflösung von Direktionen verschwanden, mit dem Anschluß Österreichs erschienen neue Gattungsbezirke. Als man im Jahr 1951 das auch von der Deutschen Bundesbahn im Prinzip beibehaltene Schema beseitigte, rief diese Maßnahme bei vielen Eisenbahnfreunden ein Bedauern hervor.
Zahlreiche der von der Maschinenfabrik Esslingen für Reichs- und Bundesbahn gelieferte Güterwagen erhielten im Werk die Aufschriften von Gattungsbezirken. „München", „Köln", „Berlin" und „Villach" waren dabei.

Paul Langbeins „Transporteure“

Das Problem unterschiedlicher Spurweiten auf den Eisenbahnen der Welt hat schon zu zahllosen technisch-wirtschaftlichen Unzuträglichkeiten geführt.
Isolierte Entwicklungen und Bahnbauten, politisch-strategische Gesichtspunkte, Kostenfragen, Geländeschwierigkeiten, Grunderwerbsfragen und viele andere Ursachen machten die Spurweitendiskussionen zum internationalen Problem – zum Nachteil der im Wettbewerb stehenden Eisenbahnen selbst.
Ob die vorwiegende Regelspur von 1435 mm der Weisheit letzter Schluß war, mag dahingestellt bleiben, aber die Bahnen müssen damit leben. In der Literatur findet man Informationen und Angaben über weit mehr als 150 verschiedene Spurweiten.
Es ist das Verdienst von Paul Langbein (1842–1908), Vorstand des früheren Esslinger Zweigwerkes in Saronno bei Mailand, mit den sogenannten „Transporteuren“, also den Rollböcken und den speziellen Ladegruben eine betriebssichere Einrichtung zum Transport von Normalspurwagen auf Schmalspurbahnen geschaffen zu haben.
Der Rollbock ist ein zweiachsiges Fahrzeug, das in seinem konstruktiven Aufbau einem einzelnen, zweiachsigen und ungefederten Drehgestell gleicht, aber einen Querträger mit umlegbaren, klauenartigen Mitnehmerzangen aufweist, welche die Radsätze der aufzubockenden Wagen festhalten. Der Verein Deutscher Eisenbahn-Verwaltungen hatte Langbeins Erfindung 1887 preisgekrönt.
Die Rollbock-Fortentwicklung und -Herstellung wurde zu einem Esslinger Spezialgebiet. Die ME lieferte die ersten beiden Rollböcke schon 1885 ab. Sie hatten eine Spurweite von 750 mm und gingen an die Sächsischen Staatseisenbahnen. Die ME ließ ihre Rollböcke, auch Rollschemel genannt, für italienische Bahnen in Saronno und für französische Bahnen in Lizenz bei Sorret & Cie in La Cachette Nouzon (Ardennen) fertigen, während sie den Serienbau für deutsche Bahnen in Esslingen aufnahm.
Zu den allmählich aufkommenden Wettbewerbern zählten später Arthur Koppel (Berlin), Georg Noell & Co (Würzburg), Weyer & Co (Düsseldorf), die Waggon- und Maschinenbau AG Görlitz (WUMAG) und Orenstein & Koppel (Berlin, Dortmund). Esslinger Rollböcke, System Langbein, wurden an mehrere deutsche Länderbahnen (Sachsen, Bayern, Württemberg), an deutsche konzessionierte Privat-, Kreis- und Industriebahnen, an die Deutsche Reichsbahn sowie nach Italien, Frankreich, Skandinavien, Österreich und in die Schweiz für Spurweiten von 693, 750, 760, 900, 950 und 1000 mm geliefert.
Die letzten Esslinger Rollbock-Entwürfe, vom Verfasser in der zweiten Hälfte der fünfziger Jahre noch selbst ausgeführt und im Bundesbahn-Zentralamt Minden diskutiert, basierten noch auf einem hoffnungsvoll regen Güterverkehr deutscher Schmalspurbahnen, was sich jedoch sehr bald als Trugschluß herausstellte. Noch vor dem Ende des Lokomotiv- und Waggonbaues ließ die Maschinenfabrik Esslingen die Rollbock-Produktion fallen.

Die Hauptdaten einiger Rollbock-Konstruktionen sind:

Spurweite	750 mm	1000 mm
Achsstand	800 bis 1100 mm	1200 mm
Raddurchmesser	500 mm	500 mm
Ladehöhe über SO	380 mm	380 mm
Ladegewicht	10 bis 15 t	15 t
Eigengewicht	1,4 bis 1,6 t	1,6 t

Je nach Wunsch der Besteller-Verwaltungen hat die ME ihre Rollböcke mit Bremsen der Systeme Westinghouse, Koerting, Hardy (Saugluftbremse), Knorr und Heberlein ausgerüstet. Meterspur-Rollböcke mit bis zu 22 t Tragfähigkeit wiesen Eigengewichte bis zu 2,5 t auf. Erst die Einführung des Schweißens ließ leichtere Rollbock-Bauarten zu. Beladene Rollböcke wurden meist für 25 bis 30 km/h Höchstgeschwindigkeit in der Geraden und für 15 bis 20 km/h im Gleisbogen unter 200 m Halbmesser zugelassen.

Post- und Gepäckwagen

Post- und Gepäckwagen sind zwei Wagengattungen, die sich in ihrem prinzipiellen Konstruktions-Schema mit Fahrgestell und Wagenkasten ziemlich ähnlich sind, jedoch unterschiedlichen Verwendungszwecken dienen und – wie in Deutschland – auch verschiedene Eigentümer haben.
Die Reisezug- und Güterzug-Gepäckwagen gehörten den Staatseisenbahn-Verwaltungen, der Reichsbahn oder der Bundesbahn. Die Postwagen sind Eigentum der Postverwaltung, sofern es sich nicht um ältere Gepäckwagen mit Postabteil handelte.

Vom Zweiachser zum 26,4-Meter-Wagen

Die Reisezug-Gepäckwagen gehören betriebstechnisch und organisatorisch zu den Reisezugwagen. Bei der Reichsbahn entsprachen auch ihre mit Schablone aufgemalten Anschriften denen der Personenwagen, allerdings mit dem Unterschied, daß an Stelle der Wagenklasse und der Platzanzahl die Lademasse (Ladegewicht), die Lastgrenze (Tragfähigkeit) und die Ladefläche angeschrieben wurden.
Weil die alten zwei- und dreiachsigen sowie auch die neueren vierachsigen Gepäck- und Postwagen wegen ihrer meist belegten oder mit Regalen versehenen Wandflächen weniger Fenster erhielten, half man sich mit Oberlichtaufbauten oder mit integrierten Dachfenstern, um genügend Tageslicht hereinzulassen.
Postwagen, deren Wagenkasten in der Regel nach den Wünschen der Eigentümer-Verwaltung gestaltet werden, sind in Deutschland schon seit dem Jahr 1841 nachweisbar. Doch die Geschichte der Postbeförderung durch die Eisenbahn begann schon im Jahr 1839 auf der Strecke zwischen Berlin und Potsdam. In jener Zeit ließ man den Landpostwagen noch mit Pferden zum Bahnhof bringen, um ihn dann auf einem Eisenbahnwagen-Untergestell der Bahn anzuvertrauen.
Die 1841 und 1842 erschienenen Eisenbahn-Postwagen waren dann zwei- oder dreiachsige Fahrzeuge mit je zwei oder drei Türen auf jeder Wagenseite, die die getrennten Abteile zugänglich machten. Im Wagen-Mittelteil fand meist der Post-Kondukteur seinen angestammten Platz.
Die Maschinenfabrik Esslingen war schon im vergangenen Jahrhundert einer der wichtigsten Lieferanten württembergischer Gepäck- und Bahnpostwagen.
Einige der ausgeführten Aufträge für Württemberg stehen hier als Beispiele:

1870
Zweiachsige Reisezug-Gepäckwagen Nrn. 65–76

1878
Zweiachsige Postwagen Nrn. 1–10

1891–1898
Zweiachsige Reisezug-Gepäckwagen Nrn. 201–275, 281–284

1898
Dreiachsige Gepäckwagen mit Postabteil Nrn. 295–299

1899
Zweiachsige Postwagen Nrn. 126–137

1906
Vierachsige Postwagen Nrn. 7501–7510

1909
Zweiachsige Güterzug-Gepäckwagen Nrn. 15 432–15 450

1912
Dreiachsige Reisezug-Gepäckwagen Nrn. 15 801–15 812

Vor der Jahrhundertwende mußte sich das Bahnpostwagen-Personal mit rußenden Öllampen, dann mit Gasglühlicht zufriedengeben. Ernsthafte Versuche zur Einführung elektrischer Beleuchtungssysteme setzten nach 1900 ein, so daß die vierachsigen 12- und 17-Meter-Postwagen damit ausgestattet werden konnten.

Die Raumwärme im Inneren der Postwagen kam aus Kohleöfen, gegen Ende der siebziger Jahre von Dampfrohrheizleitungen und in den neunziger Jahren des vorigen Jahrhunderts aus richtigen Dampfheizungen.
Eine Übersicht über die von der ME gebauten „Neuzeit"-Bahnpostwagen unterscheidet sich von den Liefe-

rungen klassischer Altbauten auch dadurch, daß die Wagen in Württemberg bis um 1920 nicht der Post, sondern der Eisenbahnverwaltung gehörten.

Für die Entwicklung dieser neuen Bahnpostwagen, Eigentum der Deutschen Bundespost, war das Posttechnische Zentralamt in Darmstadt zuständig. Die als Privatwagen im Fahrzeugpark der Deutschen Bundesbahn geführten Bahnpostwagen wurden in konstruktiver und lauftechnischer Hinsicht dem seinerzeit bestehenden Reisezugwagen-Bestand weitgehend angepaßt.

Nachdem die DB zum 26,4-m-Wagen als Standard-Ausführung für Reisezugwagen überging, nutzte auch die Deutsche Bundespost die Vorteile des langen Wagens.

Die Maschinenfabrik Esslingen begann schon recht bald nach Beendigung des zweiten Weltkrieges mit der Lieferung von Bundespost-Wagen in größeren Stückzahlen und verschiedenen Gattungen:

- 1949/1950
  12 vierachsige Brief- und Paketpost-Wagen,
  Gattung 4–bl/21, Länge über Puffer 22 500 mm,
  Ladegewicht 15 t
- 1949/1950
  50 zweiachsige Paketpost-Wagen, Gattung –c/11,
  Länge über Puffer 12 400 mm, Ladegewicht 11 t
- 1950/1952
  42 vierachsige Paketpost-Wagen, Gattung 4–c/21,6,
  Länge über Puffer 22 900 mm, Ladegewicht 20 t
  (Lieferung der ME gemeinsam mit Credé,
  Hansa-Waggonbau und Uerdingen)
- 1954/1955
  92 zweiachsige Brief- und Paketpost-Wagen,
  Gattung –b/14,5 – Länge über Puffer 15 300 mm,
  Ladegewicht 10 t
  (Lieferung gemeinsam von ME, Linke-Hofmann-Busch, Rathgeber und Talbot)
- 1954/1955 und 1956/1957
  80 + 72 vierachsige Brief- und Paketpost-Wagen,
  Gattung 4mg-bl/26, Länge über Puffer 26 400 mm,
  Ladegewicht 25 t
  (Lieferung der ME gemeinsam mit Credé, Hansa-Waggonbau, Uerdingen und Orenstein & Koppel).

Es bedeuten Typ „a“ = Wagen für die Briefpostbeförderung, Typ „b“ für Brief- und Paketbeförderung, Typ „c“ für die Paketbeförderung.

Triebwagen und Triebzüge

Vom „Motorwagen" zum ET 11

Bis zum Jahr 1907 hatten die meisten „großen Eisenbahnländer" nicht nur Versuche, sondern auch Plandienst-Einsätze mit Dampftriebwagen aufgenommen. Solche Dampfmotorwagen, wie man sie damals nannte, fuhren mit unterschiedlichem Erfolg beispielsweise im Nahverkehrs-, Güterzug- oder Postzugdienst in Deutschland, Österreich, Großbritannien, Italien, Frankreich, Belgien und in der Schweiz.
Freilich standen diese leichten, meist für kurze und mittlere Entfernungen bestimmten Fahrzeuge schon in jener Zeit im Wettbewerb mit Verbrennungsmotor-Wagen und bald auch mit elektrischen Akkumulatoren- und Fremdstrom-Triebwagen. Bald hörte man dann auch die ersten analysierenden und warnenden Kritiken zum Fragenkomplex der Strukturwandlung als Folge der Motorisierung: „Völlig unbeachtet von der großen Öffentlichkeit, zu wenig beachtet von der Mehrheit der Fachmänner, vollzieht sich im modernen Eisenbahnbetrieb ein höchst interessantes, nur dem scharf blickenden Zuschauer wahrnehmbares Schauspiel". Diese dramatisch formulierte Feststellung stand in einem, bereits 1907 herausgegebenen österreichischen Fachbuch. Und es hieß darin weiter, daß sich das Automobil nicht bloß damit begnüge, der Eisenbahn Konkurrenz zu machen: „Auf dem Gleise selbst, der ureigensten Domäne der Bahnen, will das Automobil unter der Bezeichnung *Motorwagen* ein weiteres Tätigkeitsfeld erringen . . . Es entspinnt sich ein zäher Wettkampf, wobei die Lokomotive, gleich den Göttern in den homerischen Schlachten, plötzlich ihre Gestalt wechselt . . ."
Nachdem in Deutschland im Jahr 1854 Borsig mit seiner „Dampftriebwagen-Draisine" einen Anfang machte, kam erst 1879 ein bemerkenswerter Schritt nach vorn und Bewegung ins Geschäft. Ein Doppelstock-Fahrzeug wurde nach dem durch Reichspatent geschützten System des Mitgliedes der Direktion der Hessischen Ludwigs-Eisenbahn-Gesellschaft, Georg Thomas, in den Werkstätten der Maschinenbau-Aktiengesellschaft Nürnberg, vormals Klett & Co, gebaut. Führerstand, Kessel- und Dampfmaschinenanlage lieferte die Maschinenfabrik Esslingen. Es blieb nicht bei diesem einen 100-PS-Triebwagen. Die ME widmete sich nun fortan auch dem Triebwagenbau. Kein Zweifel, die Esslinger Triebwagenkonstruktionen waren erfolgreich und in gewissem Umfang auch exportintensiv. Sie eröffneten einen vielversprechenden eisenbahntechnischen Horizont über mehrere Generationen: Vom Dampfwagen-Vehikel, das noch nicht ahnen ließ wie Hochgeschwindigkeitszüge heutiger Prägung aussehen, über die ersten verbrennungsmotorisch fortbewegten und zunächst mit Daimler gemeinsam entwickelten Kurzstrekken-Motorwagen, bis zum Reichsbahn-Schnelltriebzug ET 11 und bis zu den „genormten" Nahverkehrs-Vierachsern für deutsche nichtbundeseigene Eisenbahnen.
An der Entwicklung von Triebwagen für die Deutsche Reichsbahn hatte die ME fast von Anfang an teilgenommen. Beispiel hierfür sind die nach eigenen Entwürfen gebauten und im Jahr 1926 von der Reichsbahn in Dienst gestellten zweiachsigen 90-PS-Dieseltriebwagen mit MAN-Sechszylinder-Motor, mechanischem Geschwindigkeits-Wechsel- und Fahrtwendegetriebe.
Im Jahr 1934, als der 160 km/h schnelle Wechselstrom-Triebzug ET 11, der übrigens auf der Jahrhundert-Ausstellung der deutschen Eisenbahnen 1935 in Nürnberg zu sehen war, in den Esslinger Werkstätten seine Gestalt annahm, befand sich die Schweißtechnik des Waggonbaues noch im Stadium des Sammelns von Erfahrungen.
Bis dahin hatten die Fertigungsingenieure ihre von der Nietung her bekannten Konstruktionen beibehalten und im wesentlichen die Nieten eben nur durch Schweißnähte ersetzt. Die Blechträger-Schweißbauweise war dagegen im Elektrolokomotivbau weit fortgeschritten. Erstmals konnten aber in Esslingen beim ET 11 die lokomotivbautechnischen Erfahrungen übernommen werden, wobei man allerdings mit viel dünneren Blechen zurechtkommen mußte.
In Esslingen entwickelten die Fertigungsplaner spezielle dreh- und schwenkbare Schweißplattformen und Drehtische, auf denen die Wagen-Untergestelle ohne das problematische Überkopfschweißen zusammengefügt werden konnten. Die Fahrzeugwandungen, das Dach

mit Dachrahmen und Dachblech entstanden in ähnlichem Schweißverfahren. Zuvor dienten Windkanalversuche zur Ermittlung einer geeigneten Formgestaltung. Der ET 11 galt als „großer Wurf".
Mit der eingebauten Magnetschienenbremse konnten Bremsverzögerungen von bis zu 0,9 m/s^2 (Strombedarf 1000 Ampère) erzielt werden. Die Höchstgeschwindigkeit von 160 km/h war bereits nach 150 Sekunden erreicht, wobei maximale Beschleunigungen von 0,40 bis 0,43 m/s^2 gemessen worden sind.
Die sowohl bei den Bahnverwaltungen als auch bei der Internationalen Eisenbahn-Kongreß-Vereinigung und in den Entwicklungsgremien der ME mehrfach gestellten Fragen „Lokomotivzug oder Triebwagen?", „Kleindampfzüge oder Motorwagenzüge?", „Lokomotive oder Triebzug im elektrischen Fernschnellverkehr?" und „Diesel- oder Elektro-Triebwagen?" haben bis in unsere Tage kaum an Aktualität verloren.
Die Maschinenfabrik Esslingen, flexibel in ihren Entwicklungen, beteiligte sich am Bau und an der Projektierung von Triebwagen und Triebzügen aller Antriebsarten und aller in ihrer Zeit vorkommenden Dimensionen.
Doch die allgemeinen Bemühungen um die Frage der Wirtschaftlichkeit krankten oft daran, daß zwar die Kosten zu erfassen sind, nicht aber der tatsächliche wirtschaftliche Nutzen, obwohl es genug Kosten-Nutzen-Analysen oder manche „Scheinrechnungen" dafür gegeben haben mag. In einem solchen Komplex lagen eben zu viel Geist, vielleicht auch zu viel Intuition, für die auch die beste Währung keinen Maßstab zuließ.

Fertigungsgemeinschaften

Beim Entwurf neuer Eisenbahnfahrzeuge waren und sind auch heute noch die Konstrukteure in vieler Hinsicht gebunden. Schon allein die wirtschaftlichen Interessen der Auftraggeber sorgten für die Einhaltung gewisser Prinzipien und Grundformen. Zur Erreichung des Zieles, neukonstruierte Triebwagen betriebsfreundlicher und wartungsärmer zu machen, war ohnehin eine enge Zusammenarbeit zwischen der Wagenbau-Abteilung und den Eisenbahn-Werkstättendiensten unerläßlich.
Ökonomische Verfahrensweisen führten verschiedentlich zur Kooperation verschiedener Waggonbau-Unternehmen. Als Beispiele mögen hier die 1954 gelieferten drei vierteiligen elektrischen 3-kV-Gleichstrom-Triebzüge für die Chilenischen Staatsbahnen und die 1952/53 gebauten dreigliedrigen Dieseltriebzüge für die Türkischen Eisenbahnen stehen. Die Chile-Kommission wurde von der ME gemeinsam mit Linke-Hofmann-Busch auf den Weg gebracht, nachdem die ME in den Jahren 1939/40 bereits solche, fast baugleichen Chile-Züge herstellte. Die Dieseltriebzüge für die Türkei wurden andererseits zusammen mit der MAN gerfertigt.
Fertigungsgemeinschaften, besonders im Konzern-Verbund, waren durchaus üblich und meist auch bewährt. Die letzte Entscheidung darüber, inwieweit die Fertigungen dafür gegliedert und Hilfsvorrichtungen eingeführt werden, inwieweit die Produktion in Einzelfertigung, Fließ- oder Taktarbeit durchzuziehen ist, lag oft beim einzelnen Herstellerwerk selbst.

Spezialwagen für das In- und Ausland

Waggonbau und Exportabhängigkeit

Im Jahre 1921 erhielt die Deutsche Reichsbahn von der inländischen Waggon-Industrie 63 000 Güterwagen und 3230 Personenwagen. Solche und nachfolgende Beschaffungsprogramme hatten ihre wesentlichen Ursachen in den Kriegsverlusten, in den Waffenstillstandsablieferungen und in den vorangetriebenen Modernisierungsbestrebungen. Je umfassender die Aufträge, desto mehr konnte die Industrie in Rationalisierungsmaßnahmen investieren und die Fertigungskosten senken. Die Preise für vierachsige Personenwagen fielen in der Zeit von 1929 bis 1933 um rund 32 %, diejenigen der gedeckten Güterwagen um etwa 23 %.

Die Weltwirtschaftskrise der frühen dreißiger Jahre brachte allerdings sowohl für die Reichsbahn als auch für die Waggonbauer verheerende Situationen. So trafen beispielsweise im Krisenjahr 1931 allein auf dem Güterwagensektor bei den deutschen Fabriken karge Reichsbahnbestellungen auf insgesamt nur 70 Güterwagen ein. Andererseits markiert das Jahr 1932 den Rückgang der Reichsbahn-Aufträge auf Personenwagen mit kümmerlichen 120 Einheiten.

Um die Kapazitäten in einem gerade noch erträglichen Maße auszulasten oder um wenigstens die Stammbelegschaft zu halten, war man ganz besonders auf die deutschen Privatbahnbestellungen und natürlich auf die Auslandsaufträge angewiesen. Doch das Exportgeschäft wurde schwieriger, weil in vielen Ländern allmählich eigene Waggonfabriken entstanden.

Der aufkommende Wettbewerb mit dem Verkehr auf der Straße zwang dann zur Beschaffung einer immer größeren Anzahl geeigneter Spezialwagen und zum Errichten zusätzlicher mechanisierter Be- und Entlade-Einrichtungen. Im Reisezugwagen-Park änderte sich, nicht zuletzt als Folge zunehmender Motorisierung und „schneller" Autobahnen, das Komfort-Verständnis.

Salonwagen, Kühlwagen, Selbstentlader, Schwerlastwagen und andere „Spezialitäten"

Der bereits im vorigen Jahrhundert gepflegte Salonwagen-Bau hatte auch im Zeitalter der Motorisierung kaum an Bedeutung verloren. Schließlich wurden Salonwagen nicht allein für Staatsoberhäupter und Bahn-Präsidenten hergestellt. Viele der Salonwagen waren eigentlich „nur" Komfortfahrzeuge mit aufgewerteter Erster-Klasse-Ausstattung. Mitunter sah man solche rassigen Fahrzeuge unter dem Begriff „Sonderwagen" oder „Wagen für Sonderzüge", womit in den dreißiger Jahren oft die Eindeutschung für Salonwagen zu verstehen oder gar eine Tarnbezeichnung offenkundig war. Und vor dem ersten Weltkrieg gab es sogar noch einen anderen Alternativnamen, nämlich den sogenannten „Gala-Wagen" für die Reisen der „Höchsten und Allerhöchsten Herrschaften".

Ganz andere Neuorientierungen verzeichnete selbstverständlich der Bau von Güterwagen, dessen Spezialisierungstendenzen unvermeidbar wurden. Güterwagen wurden von funktioneller Stilistik geprägt, in der Regel unbelastet von Schönheitsvorstellungen. Die Gruppe der alten Kühlwagen unterschied man nun nach Tiefkühl-(Maschinen-)Wagen und Thermoswagen. Die Selbstentlader, oft in Form von Großgüterwagen, verzeichneten besonders für Erz-, Kohle- oder andere Schüttgut-Transporte einen erfreulichen Aufwärtstrend. Mit dem Ausbau der Strecken für zulässige Achsfahrmassen von 20 t ließ sich auch die Lastgrenze der offenen Güterwagen von 20 auf 25 bis 29 t heraufsetzen. Im Verkehr mit dem östlichen Ausland kamen umspurfähige O-Wagen hinzu. Das Fachgebiet der Schwerfahrzeuge wurde damals neugegliedert: Es umfaßte Selbstentladewagen (Gruppen KKt und OOt), Tiefladewagen (SS, SSt) und Kranwagen. Schwerwagen, die außergewöhnliche Einzellasten über 40 t beförderten, nannte man „Schwerlastwagen", wozu die großen Tieflader (Gattung SSt) und auch die langen Wagen mit ebener Ladebühne gehörten.

Behälter-Tragwagen, Viehtransport- und Geflügelwagen, Kessel- und Topfwagen, Schneepflug- und Heizwagen charakterisieren ein Spezialwagen-Programm, an dessen Verwirklichung für Bahnen des In- und Auslandes auch die Maschinenfabrik Esslingen konstruktiv und fertigungstechnisch beigetragen hatte, und zwar ebenso wie am Entwurf und Bau von Steuerwagen, Küchen- und Barwagen, vorwiegend für Triebwagen-Züge.

Die Weiterentwicklung, nach 1965 ohne Esslingen, schritt unaufhaltsam fort: Tragschnabelwagen, neue Güterwagen-Drehgestelle für 22,5 t Achslast, Doppelstock-Autotransportwagen, Spezialwagen für die Beförderung fester und flüssiger Energieträger, Container-Tragwagen, kleinrädrige Fahrzeuge der „Rollenden Landstraße“ und Vorschläge mit Trägerfahrzeug-Kombinationen für den Güterverkehr auf Straße und Schiene (eine „Sowohl-als-auch-Lösung“) machen die Marktanforderungen deutlich.

Der Sektor neuer Entwicklungstendenzen ist inzwischen derart umfangreich geworden, daß man im Zusammenhang mit der Einführung neuer Streckenklassen und der allgemeinen Steigerung der Güterzuggeschwindigkeiten mit einer zunehmenden Rate von Drehgestell-Güter- und Spezialwagen, also mit einem ganz neuartigen Leistungsangebot der Bahnen rechnen kann.

Eine Führungsposition hat die deutsche Waggonindustrie insbesondere auf dem Gebiet der Güterwagentechnik für den kombinierten Verkehr. Für multimodale Transportsysteme werden die Container-Tragwagen und die Taschenwagen zur Aufnahme von Sattelaufliegern sowie Niederflurwagen zum Transport ganzer Lastzüge weiterentwickelt und gebaut.

Waggonbau für alle Welt

Die deutsche Waggon-Industrie, die in der Regel keine eigene Produktion und Kompenentenfertigung oder kein zugehöriges Montage-Werk im Ausland hatte, war zumindest auf ein sehr gutes Vertriebsnetz oder auf ausgezeichnete Außenhandels-Unternehmen angewiesen. Die Chance der Waggonbauer beruhte immer weniger auf Traditionen als vielmehr auf hoher Qualitätssicherung, wobei die schmale Ertragslage im Exportgeschäft zwar oft beklagt wurde. Doch die Industrie zeigte sich unter schwierigen Preisverhältnissen auf den Weltmärkten nicht hilflos.

Europa – Asien – Afrika – Amerika

Vor 1870 fand kaum ein nennenswerter Export deutscher Waggonfabriken statt. Die Maschinenfabrik Esslingen machte da 1856 mit einem Österreich-Personenwagen-Export fast eine Ausnahme. Erst mit der Wiener Weltausstellung 1873 konnten exportfähige Erzeugnisse deutscher Wagenbau-Anstalten präsentiert werden, womit die Ausfuhr allmählich ins Rollen kam und das Interesse des Auslandes geweckt wurde.
Die ME lieferte bis 1939/1940 Personen- und Güterwagen, Triebwagen und Seilbahnwagen zum Beispiel nach Brasilien, Venezuela, Argentinien, Chile, nach Angola, Italien, Portugal, Belgien, nach Serbien, Österreich, Rußland, Norwegen und in die Türkei. In den damals „besten Jahrzehnten" rechnete der Waggonbau mit einer durchschnittlichen Exportquote von ungefähr 15 % des Gesamtumsatzes. Während des zweiten Weltkrieges fiel sie auf Null zurück. Erst nach Überwindung politischer Hemmnisse und nach der Währungsneuordnung kam die Ausfuhr, teils unter sogenannten Wiedergutmachungsleistungen, wieder in Gang. Die ME baute Wagen und Triebwagen für den Irak, für Indonesien, Israel, Spanien, für die Türkei, für Griechenland, Finnland und für Chile.
Die „Grundlast" der Beschäftigung blieb nicht nur bei der ME der Inlandsnachfrage vorbehalten. Im Durchschnitt der Jahre 1956 bis 1964 fertigten die Werke des Verbandes der Waggonindustrie etwa 67 % ihrer Wagenproduktion für die Deutsche Bundesbahn. Der Rest ging an deutsche Industriebahnen, an private inländische öffentliche Eisenbahnen und in den Export. Nach Angaben ihres Verbandes in Frankfurt unter Hinweis auf die Internationale Verkehrsausstellung IVA '88 in Hamburg ist die deutsche Waggon-Industrie für den Wettbewerb auf dem Weltmarkt durch „eine ununterbrochene Kette von Innovationen gerüstet".

Wagen für Zahnradbahnen

Mit Bremszahnrädern auf Steilrampen

Ein Beispiel für Esslinger Zahnradbahn-Fahrzeuge sind die Wagen für die Bergbahn von Rüdesheim am Rhein zum damaligen National-Denkmal auf dem Niederwald. Heinz Söhnlein, früherer Rüdesheimer Verkehrsdirektor, schrieb mir 1972: „Die Personen- und ein Arbeitswagen wurden von der Maschinenfabrik Esslingen gebaut.

Die Personenwagen waren zweiachsig und mit einer Plattform versehen (Fassungsvermögen insgesamt etwa 50 Fahrgäste). An der Achswelle unterhalb der Plattform befand sich ein lose mitdrehendes Bremszahnrad mit Handbremsbetätigung. Für die damalige Zeit (1883/1884) recht beachtlich war die Tatsache, daß sich die Konstrukteure der Personenwagen auch Gedanken um die gute Kurvenläufigkeit der Wagen gemacht hatten. So war je ein Laufrad auf der Achswelle lose gelagert. Der Bogenlauf gestaltete sich deshalb ganz ausgezeichnet, ohne zu stoßen und ohne zu quietschen."

Die Wagen hatten eine Gesamtlänge von 6650 mm und eine Breite von 2750 mm. Sie besaßen Mittelpuffer (spiralgefedert) und an der bergseitigen Stirnwand eine Plattform.

Der Personenwagen Nr. 9 war für prominente Persönlichkeiten bestimmt. Heinz Söhnlein: „Die Sitze hatten blaue Samtpolster. Der Wagen war innen mit Plüsch dekoriert und reichlich mit messingpolierten Schmuck-Armaturen ausgestattet. Er trug die Bezeichnung „Fürstenwagen", fürwahr ein Prunkstück für die damalige Zeit!"

Der „Rheingauer Anzeiger" vom 16. Juli 1884 berichtete: „Königlicher Besuch! Der König von Griechenland mit mehreren Prinzen und Prinzessinnen und der Prinzessin Therese von Bayern fuhren mit der Zahnradbahn zum Niederwald-Denkmal. Dabei wurde erstmals der hochelegant ausgestattete Fürstenwagen in Dienst gestellt!"

Auch der Großherzog von Oldenburg mit Gefolge benutzte im Juli 1884 den Fürstenwagen während seiner Fahrt mit der Zahnradbahn zum Niederwald-Denkmal.

Der meterspurige, für Leiter-Zahnstange ausgelegte Wagen ist, fünfzigjährig, im Winter 1934/35 zerlegt worden.

Die Maschinenfabrik Esslingen hatte diese spezielle Art von Brems-Wagen selbstverständlich auch für andere Zahnradbahnen konstruiert und geliefert. So beispielsweise für die regelspurige, inzwischen verschwundene württembergische Steilstrecke zwischen Honau und Lichtenstein. Dort gab es mehrere dreiachsige Gepäckwagen (auch solche mit Postabteil) und dreiachsige Personen-Durchgangswagen mit Bremszahnrad auf der Achswelle des jeweils mittleren Radsatzes. Diese Esslinger Fahrzeuge für Riggenbachsche Leiterzahnstange entstammten den Baujahren 1892 und 1893.

Auch Güterwagen hatte man in Esslingen mit Bremszahnrädern ausgerüstet. Empfänger-Bahnverwaltung für solche Sonderfahrzeuge war auch die Benguela-Eisenbahn in Angola (Südwest-Afrika), die in der Lengue-Schlucht bei Kilometer 48 einen 2136 m langen Riggenbach-Zahnstangen-Abschnitt mit bis zu 64 Promille Neigung besaß. Die in den Jahren 1905 und 1906 erbaute kapspurige Steilstrecken-Verbindung, übrigens auch mit Esslinger Zahnrad-Lokomotiven bedient, hatte erst im Jahre 1948 mit dem Bau einer Umgehungslinie den Zahnradbahnbetrieb verloren.

Stadtverkehrswagen

Von der Pferdebahn und vom Doppelstockwagen zum Straßenbahn-Gelenkfahrzeug

Mit der Einführung der Pferde-Eisenbahnen im Kommunalbereich der Städte begann eine frühe Periode des schienengebundenen öffentlichen Personennahverkehrs. In den Jahren von 1865 bis 1888 wurden allein im damaligen Deutschland 29 Pferdebahn-Unternehmungen gegründet. Berlin, Hamburg, Stuttgart, Leipzig, Dresden, Frankfurt (Main) und Hannover gehörten zu den „Vorreitern".

Die Maschinenfabrik Esslingen mischte fast von Anfang an mit. Schon 1868 erhielt *Stuttgart* eine Esslinger Lieferung mit Doppelstock- und Oberdeckfahrzeugen, den sogenannten „Imperialwagen". Außer diesen 14 Imperialwagen hatte die Stuttgarter Pferdeeisenbahn-Gesellschaft noch sechs Sommerwagen von der Maschinenfabrik Esslingen erhalten. Die normalspurigen Imperialwagen wogen leer 2,9 Tonnen. Sie konnten mit 18 Sitzplätzen im Inneren, 20 Sitzplätzen auf dem Dach und zusätzlichen 12 Stehplätzen insgesamt 50 Personen aufnehmen, so daß ein besetzter Wagen etwas mehr als sechs Tonnen auf die Waage brachte. Die jeweils zwei vorgespannten Pferde mußten schwer arbeiten. Auf Steigungsstrecken hatte jedes Pferd nach Angaben der Stuttgarter Straßenbahnen AG ungefähr drei PS zu leisten. Diese Kurzzeitbeanspruchung wurde den Zugtieren zugemutet.

Der spätere Umbau auf elektrischen Betrieb war in Stuttgart im Frühjahr 1895 abgeschlossen.

Zu den Lieferanten für Pferdebahn- und elektrische Straßenbahnwagen der schwäbischen Metropole gehörte freilich nicht nur die ME, sondern vor allem auch die Waggonfabrik Herbrand & Cie in Köln, später auch Fuchs in Heidelberg.

Aber die Zahl der in Esslingen allein für Stuttgart gebauten Straßenbahn-Triebwagen und Anhänger war enorm. Es waren weit über 1000 Fahrzeuge.

Dazu gehörten auch die von der ME für die Feuerbacher Straßenbahn entwickelten und gebauten Wagen sowie die Fahrzeuge der im Gemeinschaftsbetrieb mit der Stadt Esslingen geführten Städtischen Straßenbahn. Die Straßenbahn von *Feuerbach* wurde im Jahre 1934 von Stuttgart übernommen, und die Städtische Straßenbahn *Esslingen* fuhr lange Zeit im Gemeinschaftsverkehr von Oberesslingen über Obertürkheim zum Stuttgarter Schloßplatz.

Ein aus älteren Wagen bestehender Zwillingszug von 42 m Länge und 340 Plätzen diente den Stuttgarter Straßenbahnen als Studienobjekt für den Umbau vorhandener Zweiachser zu Gelenk-Doppelwagen. Durch den serienmäßigen Umbau in der Maschinenfabrik Esslingen entstanden dann in den Jahren 1964/65 tatsächlich 35 Gelenk-Fahrzeuge des damals neuen Typs DoT 4.

Viele ME-Straßenbahnfahrzeuge zeichneten sich eben durch zahlreiche Besonderheiten aus. Und das galt speziell für die außergewöhnlich langen sechsachsigen Gelenktriebwagen GT 6, die mit ihren 25 Metern für einen Betrieb ohne Beiwagen gedacht waren und – wegen des zu geringen Gleisabstandes bei kleinen Bogenradien – nicht auf allen Strecken verkehren konnten.

Der „große Wurf" gelang den Esslinger Konstrukteuren (in Zusammenarbeit mit den Stuttgarter Straßenbahnen) bei der Entwicklung des vierachsigen, 18 m langen GT 4, von dem allein für Stuttgart 350 Einheiten gebaut worden sind. Die konstruktiven Merkmale dieser hochinteressanten Meterspurfahrzeuge sind die Kinematik des Laufwerkes, der Gelenkwellenantrieb mit in Fahrzeuglängsrichtung angeordneten Motorankern und die an den Auslegern der Achslager federnd aufgehängten Schienenbremsmagnete.

Die Stuttgarter Straßenbahnen AG schrieb zu diesem Wagentyp GT 4: „Eine derartige Serie von gleichartigen Wagen ist auch bei größten Straßenbahnverwaltungen nur selten zu finden." Der erste GT 4-Wagen verließ die Werkstätten der ME im Jahre 1959. Der 350. Wagen erschien Anfang 1965 in Stuttgart. Professor Bockemühl, technisches Vorstandsmitglied der Stuttgarter Straßenbahnen AG, hierzu: „Da sämtliche Fahrzeuge völlig gleich sind, liegt auch eine echte Betriebstypung vor, ein beträchtlicher Vorteil für Ausbildung, Betrieb, Pflege, Überwachung, Schaden-Behebung und Lagerhaltung."

Die saarländische Stadt *Neunkirchen* erhielt im Jahre

1961 acht solcher Gelenktriebwagen, jedoch in Normalspur (GT 4N, Nrn. 1–8). *Freiburg* (Breisgau) beschaffte 19 GT 4-Fahrzeuge (Nrn. 104–109, Baujahr 1962, Nrn. 110–114, Baujahr 1966 sowie Nrn. 115–122, Baujahr 1967/68). Die letzte Lieferung von acht Einheiten übernahm allerdings die Waggonfabrik Rastatt nach Esslinger Zeichnungen, weil die ME den Schienenfahrzeugbau inzwischen aufgegeben hatte.

Die württembergische Stadt *Reutlingen,* schon frühzeitig mit ME-Straßenbahnwagen ausgestattet, beschaffte 1963 ebenfalls drei GT 4-Fahrzeuge (Nrn. 59–61), die später von Stuttgart erworben wurden, nachdem die Reutlinger Straßenbahn am 16. Oktober 1976 ihren Betrieb eingestellt hatte.

Ulm an der Donau beschaffte schon früher, in den Zeiten der alten Zweiachser, seine damals blau-weißen Straßenbahnwagen von der MAN und der Maschinenfabrik Esslingen. Im Jahr 1958 lieferte die ME zehn vierachsige Großraumtriebwagen für Fahrgastfluß nach Ulm. Es waren 14,1 m lange Fahrzeuge mit 30 Sitz- und 90 Stehplätzen. Die Fachpresse schrieb damals u. a.: „Als erster westdeutscher Großraumwagen war er bereits von Anfang an für Einmannbetrieb ausgelegt . . . Er erhielt einen neuartigen Kardanantrieb nach einem vom Dieseltriebwagenbau entlehnten Prinzip . . . Außerdem erhielten die Ulmer Großraumwagen erstmals Außenschwenktüren, die dem Omnibusbau entlehnt waren . . . Als Bremse wurden eine Bosch-Druckabfallbremse mit Federspeicher, Widerstands- und Magnetschienenbremse vorgesehen."

Auch die Straßenbahnen der Freien Hansestadt *Bremen* griffen auf ME-Konstruktionen zurück. Im Jahre 1954 erhielt die Bremer Straßenbahn AG eine Lieferung der Maschinenfabrik Esslingen (gemeinsam mit Hansa Waggonbau) von vierachsigen Großraumwagen (Nummernserie 906–925, zuvor 1800er Serie). Es waren 13,3 m lange Wagen-Innenräume mit 31 Sitz- und 75 Stehplätzen vorgesehen. Die Beiwagen hatten 33 Sitz- und 76 Stehplätze.

Eine landschaftlich recht reizvolle Gegend durchfuhr die 1926 eröffnete Überlandstraßenbahn Esslingen – Nellingen – Denkendorf – Neuhausen (END). Die günstigen Betriebsergebnisse der schon erwähnten, am 24. Mai 1912 eröffneten und im Auftrag der Stadtverwaltung Esslingen von den Stuttgarter Straßenbahnen betriebenen 7,15 km langen Städte-Verbindungslinie Obertürkheim – Oberesslingen sowie die 2,1 km lange innerstädtische Linie vom Bahnhof Esslingen zum Charlottenplatz gaben den Anstoß, den alten Plan einer Linie nach Denkendorf über den Zollberg nunmehr zuzustimmen.

Wie für die Straßenbahnen in Stuttgart, Esslingen, Reutlingen und Ulm kam auch für die jüngere E.N.D.-Strecke in Richtung Denkendorf (6,22 km) und für die spätere Anbindung Neuhausens (zusätzliche 5,4 km) ebenfalls die Meterspur in Betracht. Alle E.N.D.-Trieb- und Beiwagen wurden von der Maschinenfabrik Esslingen geliefert. Es handelte sich um die vierachsigen Motorwagen (Nrn. 1–13), um die zweiachsigen Beiwagen (Nrn. 21–35) und um die vierachsigen Beiwagen (Nrn. 36 und 37).

Die 1958 gebauten Großraumzüge dieser im Jahr 1978 eingestellten Überlandbahn konnten 1981/82 an die Rittner-Bahn nach Oberbozen (Italien) verkauft werden, nachdem die dafür in Frage kommenden Triebwagen 12 und 13 sowie die Beiwagen 36 und 37 einer italienischen Inspektion erfolgreich unterzogen wurden. Diese von der Maschinenfabrik Esslingen entwickelten Großraumzüge hatten zweimal 16 m = 32 m Länge. Die beiden Motoren (zweimal 150 kW = 300 kW = 410 PS) jedes Triebwagens wirkten auf alle vier Radsätze. Der Motorwagen besaß 48 Sitz- und 108 Stehplätze, der Beiwagen hatte 48 Sitz- und 122 Stehplätze.

Das Verschwinden dieser ungewöhnlichen Großraumzüge von deutschen Schienenstrecken wurde von Ingenieuren und Technik-Historikern vor allem auch deshalb bedauert, weil mit diesen Fahrzeugen ein markanter Typ der „klassischen Überland-Straßenbahnen", für die die E.N.D. als späte Stellvertreterin galt, und eine charakteristische Epoche des früheren deutschen Zwischenortsverkehrs getilgt worden sind.

Romantische Linienführung über Wiesen und Felder, abenteuerliche Ortsdurchfahrten, längere Steilstrecken mit Kehrschleifen, am Straßenrand verlegte Gleise und lange Drehgestellwagen mit zwei Stromabnehmern konnte man bei der E.N.D. noch bis zuletzt erleben.

Vergessen sind auch die alten, vor dem ersten Weltkrieg von der Maschinenfabrik Esslingen gebauten vierachsigen Doppelstockwagen für die elsässische Meterspur-Dampftrambahn *Muelhausen* – Einsisheim – Wittenstein (S.M.E.W.), die dort ebenfalls einen beschaulichen Gemeinde-Nahverkehr zu besorgen hatte und sogar noch elektrifiziert wurde.

Esslingens Waggonbauer, die auch Wagen für die Filderbahn-Gesellschaft, für die Straßenbahn Neckargartach und einige andere Verwaltungen lieferten, standen vorwiegend im Geschäft mit Städten des südwestdeutschen Gebietes. Natürlich wurden auch Bestellungen außerwürttembergischer Bahnen ausgeführt. Sie waren in der Minderzahl, weil manche Ausschreibung gegen starke Konkurrenz verlorenging, weil gewisse kommunale Bindungen bestanden oder weil man in Esslingen mitunter wegen völliger Kapazitätsauslastung in Lieferzeitschwierigkeiten kam und vorübergehend Aufträge und Anfragen zurückweisen mußte. Jedenfalls hatte die ME mit ihren konstruktiven Leistungen, mit Pferdebahn- und Doppelstockwagen, besonders aber mit robusten Serienwagen und Gelenkfahrzeugen, auch im Straßenbahnwagenbau manchen Maßstab gesetzt.

Kabel-Straßenbahnen

Die sogenannten Kabel-Bahnen gelten als typisches Kind Amerikas. Es gab dort im vergangenen Jahrhundert in 28 Städten etwa 60 solcher Nahverkehrsmittel.
Es handelt sich um Seilbahnen mit in Gleismitte unter der Straßendecke verlegtem Kabel-Tunnel. Das darin unterirdisch eingebettete Drahtseil wurde von einer ortsfesten Dampfmaschinen-Zentrale in Bewegung gehalten. Die Straßenbahnwagen konnten mit Hilfe ihres Greifers (the Grip) an die durch den Straßendeckenschlitz erreichbaren Seile gekuppelt und mitgezogen werden. Der Ausklinkmechanismus und die Wagenbremsen sorgten für das Anhalten der sonst mit konstanter Geschwindigkeit fahrenden Straßenbahnfahrzeuge.
Die bekanntesten Bahnen mit unterirdischer Seilführung sind immer noch diejenigen von San Francisco, wo sie inzwischen als Touristen-Attraktion ihren guten Ruf bewahren. Die „Cable Railways“ mit ihren typischen Kabelkanälen und Endlos-Drahtseilen unterhalb des Straßenpflasters gab es, allerdings in wesentlich geringerer Anzahl, auch in Europa und in Australien.
Eines der umfangreichsten Kabel-Straßenbahn-Netze besaß Melbourne. Die Australier hatten dafür fast alle Ausrüstungen und viele Fahrzeuge in Nord-Amerika beschafft. In Europa beteiligte sich jedoch die Maschinenfabrik Esslingen am Bau der Kabel-Bahnen. Konstruktion und Fertigung sind zwar in Esslingen nie zum lukrativen Exportgeschäft geworden, denn nur verhältnismäßig wenige europäische Städte (Paris, Lissabon und einige britische Gemeinden) wollten solche „verkabelten“ Nahverkehrsmittel haben, aber diese Technik erschien den Esslinger Schienenfahrzeugbauern doch interessant genug, um mit Angeboten dabei zu sein. Und auf diese Weise wurden die beiden Linien in Portugals Hauptstadt Lissabon, Camões – Estrella und Rua de Palma – Largo de Graça, in den Jahren 1890 und 1891 mit Kabel-Straßenbahnen der Maschinenfabrik Esslingen ausgerüstet. Auftraggeberin war die „Nova Companhia dos Ascensores mechanicos de Lisboa“.
Die 1,7 Kilometer lange und mit 12 % Maximalneigung ausgestattete 800-mm-Spur-Strecke Camões – Estrella erhielt sechs Zweiwagen-Züge nach dem „Dummy and Trailer“-Prinzip.
Der „Dummy“ war mit dem Greifer und dem Platz für den „Gripman“ ausgerüstet, während der „Trailer“ als angekuppelter Personenwagen die Hauptmasse der Fahrgäste aufnahm.
Die zweite Lissaboner Kabelbahn in gleicher Spurweite arbeitete mit vier größeren Einzelwagen auf der Strecke von der Rua de Palma zum Largo de Graça. Auf 730 m Linienlänge mußten Steigungen bis zu 14 % bewältigt werden.
Die kurz vor dem Ersten Weltkrieg, wahrscheinlich um 1912, stillgelegten Lissaboner Kabel-Straßenbahnen arbeiteten wie die meisten anderen mit stationären Dampfmaschinen, die das stählerne Drahtseil über Kabel-Umlenkrollen zogen und in Bewegung hielten.
Eine gewisse Sonderstellung nahm die 1899 von der ME gebaute Seilbahn Rocca – Monreale in Palermo ein. Sie arbeitete mit seilgezogenen elektrischen Traktoren und stellte eine Kombination von (Kabel-)Straßenbahn und Standseilbahn dar. Die Kabelbahn-Konstruktionen und -herstellung waren für die Esslinger Ingenieure nichts Außergewöhnliches, denn sie paßten ohnehin in das eigene Lieferprogramm der artverwandten Seilstandbahnen.

Standseilbahnen für Europa und Übersee

Mit 78% Steigung auf den Berg

Der Begriff „Standseilbahnen" bedarf zunächst einer kurzen Erläuterung. Es geht hierbei um Bahnen, bei denen die fortbewegenden Kräfte der Personenwagen oder -Kabinen durch Seile auf die Fahrzeuge übertragen werden. Die „Enzyklopädie des Eisenbahnwesens" des Freiherrn von Röll unterscheidet zwischen „Seil-Hängebahnen" (Seil-Schwebebahnen) und „Seil-Standbahnen". Die seinerzeitigen Seil-Hängebahnen besaßen in der Regel Zug- und Tragseile, die Seil-Standbahnen fuhren dagegen auf Schienen und hatten nur Zugseile. Inwischen hat sich für diese Art von Schienen-Seilbahnen der Terminus technicus „Standseilbahn" oder wegen der gewaltigen Streckenneigung bis über 75% auch der Begriff des Schrägaufzugs durchgesetzt. –
Die Maschinenfabrik Esslingen hatte sich auf diesem Gebiet (ebenso wie bei der Entwicklung und Ausführung von Zahnradbahnen) eine in der Welt anerkannt hervorragende Position geschaffen und für viele Jahrzehnte gehalten.
Noch in den zwanziger Jahren unseres Jahrhunderts, in der das Standseilbahngeschäft in eine Flaute zu schlittern drohte, trafen Anfragen aus Europa, Kolumbien und Fernost in Esslingen ein. So wurde beispielsweise im Jahr 1922 für die japanische Asama-Bergbahngesellschaft ein Angebot zur Errichtung einer kapspurigen 1176 m langen Seilbahn für eine Wagengeschwindigkeit von 2 m/Sekunde mit Wagen für 60 Personen Beförderungskapazität erarbeitet. Die elektrische Kraftzentrale sollte mit Drehstrom-Motoren bei 60-Periodenstrom arbeiten. Im Angebot hieß es: „Wir haben den Voranschlag auf Grund unserer Verbands-Vorschriften in japanischer Währung (Yen) ausgestellt und dabei den Kurs von 1 Yen = 64 Mark berücksichtigt." Darin war eine Kurs-Sicherheit von 30% enthalten.
Es waren bei einem solchen Maschinenantrieb (Elektromotoren oder Dampfmaschinen) zwei am Seil hängende Wagen vorgesehen, von denen der eine abwärts, der andere aufwärts fuhr. Was hierbei von der Schwerkraft nicht geleistet wurde, übernahm die Kraftmaschine mit Seil-Umlenkanlage in der stationären, bergseitig gebauten Zentrale.
Im Prinzip funktionierte eine solche Seilbahnanlage mit zwei an jedem Ende eines Stahlseiles befestigten Wagen. Das Seil erfuhr in der Bergstation eine Umlenkung, so daß beim Aufwärtsfahren des einen Wagens der andere zu Tal fuhr und sich beide Wagen in der Streckenmitte kreuzten.
Es herrschte bei solchen Bahnen ein gewisser Lastausgleich, der nur durch die unterschiedlich besetzten Wagen, das zu bewegende Seilgewicht und die Bahnwiderstände „gestört" war.
Anfangs arbeiteten die Standseilbahnen mit dem sogenannten Wasserballastantrieb. Beide Wagen bekamen Wasserkästen, die in der Bergstation je nach Belastung gefüllt und talseitig wieder geleert werden mußten. Den Änderungen des Seilgewichtes konnte man durch streckenweises Ablassen des Wassers aus dem talwärts fahrenden Wagen begegnen. Zur Regelung der Fahrgeschwindigkeit nahm man dabei gern in den Gleisen verlegte Zahnstangen und eine Wagen-Zahnradbremse zu Hilfe.
Die Gefahren des Einfrierens im Winter, Wassermangel oder aufwendige Pumpstationen gaben später dem maschinellen Antrieb die größeren Chancen. Eine günstigere Preisgestaltung zeigte sich auch beim Weglassen der Zahnstangen, die als Brems- und Sicherheitseinrichtungen durch andere Mittel (Zangenbremsen) ersetzt werden konnten. Der Oberbau ließ sich dann in der Regel als eingleisige Anlage mit Ausweichen in Streckenmitte verlegen. Dazu erhielten die Wagen einerseits Laufräder mit Doppelspurkränzen, andererseits breite ungeführte Laufrollen, so daß in der Ausweiche durch Zwangsführung die richtige „Weichenstellung" ohne bewegte Oberbauteile, also ohne jeden Weichenantrieb und ohne konventionelles Stellwerk, erzwungen wurde.
Die Maschinenfabrik Esslingen baute Seilstandbahnen seit 1885 für Portugal, Italien, Brasilien, Österreich, Norwegen und für viele deutsche Bergstrecken, wobei meist die gesamten Anlagen einschließlich Zahnstan-

gen, Dampfmaschinen oder Elektro-Antrieb aus eigenem Hause kamen. Auch die vielfach für Ein- und Ausbauten notwendigen Wagenkasten-Versetzkrane für integrierte Werkstätten gehörten auf Wunsch zum Liefer-Umfang. In einem Esslinger Angebot im Jahr 1920 auf eine Anfrage aus Bilbao (Spanien) las man: „Für den Antrieb der Hub- und Kranfahrbewegung verwenden wir einteilige, geschlossene Drehstrommotoren in vollkommener Kupferausführung mit Schleifringanker. Zur Steuerung dieser Motoren verwenden wir Kontroller, einen Hauptschalter und eine *Marmor*-Schalttafel." Auch der Transformator war Gegenstand der Offerte der Elektrotechnischen Abteilung der ME.

Ein anderes Esslinger Projekt aus dem Jahr 1921 für eine Seilbahnanlage „La Arboleda-Reineta" (Spanien) sah bei 1200 mm Spurweite eine Wagengeschwindigkeit von 2,5 m/Sekunde und Keilkopfschienen mit einem Metergewicht von 26,8 kg vor. Die Seiltragrollen im Gleiskörper sollten in jeweils 10 m Abstand montiert werden.

Für Aldave (Spanien) ist um die gleiche Zeit eine meterspurige Seilstandbahn mit zwei Personenwagen (Kapazität 70 Fahrgäste) und Gepäckwagen (1500 kg Ladegewicht) mit Drehstrommotor-Seilantrieb angeboten worden.

Nach dem zweiten Weltkrieg endete in der ME dieser Produktionszweig, wenngleich in den fünfziger Jahren immer noch Hauptausbesserungen, beispielsweise für die Neroberg-Bahn (Wiesbaden) ins Programm paßten. Damals kamen jene Wagen mit dem typischen, treppenförmig konstruierten Fahrgastraum nach Esslingen zur Generalüberholung, wofür auch das Stuttgarter Karosserie-Werk Auwärter zur Verfügung stand.

Für Wanderer und Skifahrer ist manche neue Standseilbahn der „Geheimtip". Mit elektronischer Steuerung und einer Fahrgeschwindigkeit von bis zu 10 m/Sekunde fahren die jüngeren Seilbahnen unserer siebziger und achtziger Jahre in Bad Ems (78% Steigung) und auf Europas Alpengipfel (Wurzeralm in Österreich, Saas Fee im Schweizer Kanton Wallis). Es entstanden wahre „Alpen-Metros" in Leichtbauweise und mit Großkabinen.

Aber eine der bedeutendsten Firmen, die schon vor 100 Jahren Pionier- und Schrittmacherarbeit leisteten, war die Esslinger Maschinenfabrik.

Schwebebahn-Wagen

„Die in Elberfeld zum ersten Male angewandte Schwebebahn der Bauart Carl Eugen Langen hat so viele Vorzüge, daß sie aller Wahrscheinlichkeit nach berufen erscheint, nicht nur im Städteverkehr ausgedehnte Verwendung zu finden, sondern auch unter gewissen Bedingungen in größerem Umfange dem Fernschnellverkehr zu dienen. Der naheliegende Gedanke, die neuen Fernschnellbahnen in engste Verbindung mit den bestehenden Hauptbahnen zu bringen, ja sie unmittelbar über diesen Bahnen zu erbauen, um die vielen Vorteile einer solchen Zusammenlegung auszunutzen, kann durch die Schwebebahn von Langen unstreitig am besten verwirklicht werden." Dieses Zitat aus einem Vortrag von Professor Dolezalek, gehalten am 1. März 1901 vor dem Architekten- und Ingenieur-Verein und dem Bezirksverein deutscher Ingenieure in Hannover, läßt die Hoffnungen und Erwartungen deutlich erkennen, die man in die Schwebebahntechnik setzte, an deren Konstruktionen, vor allem der Tragwerke, sich Anton Rieppel von der Maschinenfabrik Augsburg – Nürnberg (MAN) große Verdienste erwarb. Verschiedene unternehmerische Organisationsformen und partnerschaftliche Verbindungen führten zu Kooperationen in Konstruktion und Fertigung. –

Durch die Trennung Lothringens vom Deutschen Reich hatte die weiterverarbeitende Industrie Süddeutschlands einen erheblichen Teil ihrer Rohstoffbasen verloren. Auf der Suche nach neuen Bezugsquellen begegnete sie den Bestrebungen der Gutehoffnungshütte, neue Märkte zu erschließen. Die Übereinstimmung solcher Interessen führte zu einer fast zwangsläufigen Verbindung, die sich in zahlreichen Beteiligungen der GHH im süddeutschen Raum äußerte. So erwarb die Gutehoffnungshütte im Jahre 1920 eine Beteiligung der Maschinenfabrik Augsburg – Nürnberg und an der Maschinenfabrik Esslingen. Beide süddeutschen Maschinenbau-Unternehmen konnten sich nun innerhalb des GHH-Konzerns in ihren Schienenfahrzeugprogrammen ergänzen, so daß es wiederholt zu gemeinsamen Entwicklungen und Fertigungs-Koordinierungen kam.

Eine Konstruktion für Wuppertal

Die MAN, aber auch die GHH hatten mit ihren Stahlbau-Konstruktionen bereits frühzeitig an der Errichtung der Wuppertaler Schwebebahn mitgewirkt. Als dann aber während des Zweiten Weltkrieges neue Schwebebahnfahrzeuge im Gespräch waren, hatten sich die süddeutschen Unternehmen MAN und im GHH-Verbund auch die ME mit Entwürfen eingeschaltet, wobei es vor allem um die Einführung des Stahl-Leichtbaues ging. In den Wagenbau-Konstruktionsbüros der ME entstand ein neuer Schwebebahn-Wagen auf den Reißbrettern, der sich zwar am Bewährten orientierte, aber auch Verbesserungswürdiges in sich vereinte.

Während des Krieges und in den ersten Jahren nach 1945 kam es, politisch bedingt, zwar nicht mehr zur Verwirklichung des Projekts. Als Bauart 1950 wurden die neuen Schwebebahnwagen schließlich doch noch beschafft. Lieferant war dann allerdings Westwaggon in Köln-Deutz.

Sowohl für den geschweißten Wagenkasten als auch für die Fahrgestellrahmen sind dünnwandige, abgekantete Stahlbleche verwendet worden. Die Fahrgestellte waren ungefedert, doch die Wagenkästen hingen federelastisch an den Fahrwerken. Jeder Einzelwagen hatte eine Gesamtlänge von 11 860 mm und eine Breite von 2200 mm. Der neue Zweiwagen-Zug konnte etwa 160 Personen befördern. Bei der Vorgängerbauart waren es nur 130 Fahrgäste.

Nachwort und Ausklang

Wie willig sind doch die Ingenieure, wenn es um vielversprechende Neuerungen geht und wenn es sich um eisenbahntechnische Nachkriegs-Wiederaufbaupläne in Zeiten handelte, die sich in den Gedankenspielen sinnvoller anließen als das heutige gequälte Bemühen um das Zusammenwachsen europäischer Hochgeschwindigkeitsstrecken und Bahnsysteme, worin wohl gegenwärtig nur Frankreich die Nase vorn hat.
Aber der Wunschtraum weitblickender Betriebswirtschaftler und Eisenbahntechniker, nämlich die viel gepriesene automatische Kupplung, vor allem für Güterwagen, einzuführen, ist fast zur unzulänglichen Komödie degradiert worden und längst keine vordringliche Aufgabe mehr.

Die Mittelpufferkupplung

Die automatische Mittelpufferkupplung ist zwar eine gute Bekannte, aber eben doch eine ungeliebte Investition. Der Weg zur europäischen Einführung ist nicht nur dornenreich. Er erscheint überhaupt – dank der Finanznöte und der Uneinigkeit der nach Kleinstaaterei-Eigenbröteleien vorgehenden Bahnverwaltungen – als ein trauriger Flop.
Und dabei weiß jeder, daß die antiquierte Schraubenkupplung mit Seitenpuffern einen Anachronismus darstellt und eine fortwährende Gefahrenquelle für die Rangierer ist.
Ein Bericht des Internationalen Arbeitsamtes über das Problem der selbsttätigen Kupplungen und über die Sicherheit der Eisenbahner veranlaßte im Jahre 1924 die UIC (Union Internationale des Chemins de Fer), die Frage der Verwendung einer selbsttätigen Kupplung in ihr Arbeitsprogramm aufzunehmen. Die Arbeiten zur Schaffung einheitlicher Güterwagen waren dann nach dem Zweiten Weltkrieg ein weiterer Impuls, die Studien wieder aufleben zu lassen. Der auf Initiative des Präsidenten des ORE (Office de Recherches et d'Essais) erneut aktivierte UIC-Sonder-Ausschuß „Selbsttätige Kupplung" trat im April 1957 zu seiner ersten Sitzung zusammen. Man prüfte die Einsparungserwartungen im Betrieb, neuaufzustellende Lastenhefte sowie finanzielle und rechtliche Fragen.
Spezielle Entwicklungen, darunter die Systeme „Compact" der Bergischen Stahlindustrie (BSI), „Unicupler" des Konsortiums Unicupler (Knorr-Bremse u. a.), Schaku-UIC (Scharfenberg-Kupplung GmbH) und viele andere europäische und außereuropäische Vorbilder haben zwar vieles „bewegt" und zur Konstruktion einer „UIC-Synthese-Kupplung" geführt, aber bis heute nicht vermocht, eine einheitliche europäische, selbsttätige Kupplung vorzuschreiben.
Auch die ausgeklügelten Versuchsprogramme im Spätherbst 1961 in Porta, die erprobten Einrichtungen zum „gemischten Kuppeln" und die verschiedenen „Hypothesen über die Einführung der automatischen Kupplung", auch die Winterversuche im Bereich der Schweizerischen Bundesbahnen und die von der Deutschen Bundesbahn entwickelte Methode einer Simultanumstellung brachten keinen Durchbruch zum dauerhaften Erfolgserlebnis, nämlich zum Umrüsten aller Eisenbahnwagen.
Einer der wenigen Lichtblicke war die Anweisung, die Untergestelle zahlreicher Wagen konstruktiv so zu gestalten, daß der Einbau von automatischen Mittelpufferkupplungen leicht möglich ist. Dazu waren natürlich von der Waggon-Industrie und den Bahnverwaltungen viele Festigkeitsversuche notwendig. Fahrzeug-Untergestelle, wie sie auch die Maschinenfabrik Esslingen baute, die für den späteren Einbau von Zug-Druck-Kupplungen vorgesehen waren, mußten Druckkräfte sowohl wie bisher an den Seiten des Kopfträgers als auch in der Fahrzeug-Mittelachse aufnehmen und übertragen. Die Fahrzeug-Versuchsanstalt Minden (Westfalen) der DB hatte in ihrer Abteilung für Lauf- und Schwingungstechnik zahlreiche prüftechnische Vorleistungen erbracht.
Doch – außer in Einzelfällen mit Ganzzügen – wartet man noch immer auf das allgemeingültige Debüt.

Abschied: Rheingoldwagen für die TEE- und IC-Züge

Die Trans-Europa-Express-Züge, auf Überlegungen des einstigen Generaldirektors der Niederländischen Staatseisenbahnen, Dr. H. J. den Hollander, zurückgehend, brachten eine neue Qualität des Reisens auf Westeuropas Schienen. Das noble Symbol „TEE" als ein zukunftsträchtiges Emblem für einen gesamteuropäischen Erster-Klasse-Komfort-Schnellverkehr mußte nach einigen Jahrzehnten dem „IC" des Intercity-Netzes der DB unter dem Motto „Jede Stunde jede Klasse" und den europäischen Qualitätszügen „Eurocity" (EC) weichen. Viele der TEE-Wagen wurden in die neuen Dienste übernommen.

Der „Rheingold" war Deutschlands letzter „TEE", und die Rheingold-Großraumwagen waren Esslingens letzte Lieferungen vor Schließung des Waggonbaues. Die Presse schrieb am 16. Juli 1965 hierzu: „Der letzte Eisenbahnwagen, der in Esslingen hergestellt worden ist, hat gestern die Maschinenfabrik Esslingen verlassen. Es ist ein Rheingold-Wagen, der den Höhepunkt in der Arbeit der bisherigen Abteilung Schienenfahrzeugbau darstellt. Dieser letzte Wagen trägt die Fabriknummer 25 825." Die Stuttgarter Redaktion des Handelsblattes meldete am gleichen Tag: „Eine gewisse Wehmut auf einigen Gesichtern war nicht zu übersehen, als der Vorstand der ME der Presse den letzten Wagen vorführte, den die Firma produziert hat . . ."

Von diesen Großraum-Fahrzeugen mit Drehgestellen der Bauart Minden-Deutz sind damals 100 Einheiten bei Credé, Wegmann, bei der MAN und bei der Maschinenfabrik Esslingen, die davon 14 Wagen baute, in Auftrag gegeben worden.

Ausklang

In einer im Oktober 1950 von der DB herausgegebenen Festschrift „Hundert Jahre Eisenbahndirektion Wuppertal" warb die Maschinenfabrik Esslingen in einer Großformat-Anzeige für ihre „Spitzenleistungen im Waggonbau". Darin hieß es (sicherlich mit werbewirksamer Übertreibung):

„Die ersten Personen- und Güterwagen lieferte das Werk Esslingen im Jahre 1846 (dem Gründungsjahr) an die Württembergische Staatsbahn. Im Jahre 1887 baute Esslingen die ersten Straßenbahnwagen, damals für den Pferdebetrieb. – Großraum-Güterwagen mit Selbstentladung, moderne Motor- und elektrische Triebwagen sowie Salon-Züge für das Ausland runden als heutige Spitzenleistungen das vielseitige Arbeitsgebiet der Abteilung Waggonbau ab." Die Jahreszahl 1887 hätte 1868 heißen müssen. Aber ein solcher Setzfehler schmälerte wohl kaum den Erfolg.

Bis zum Jahre 1897 hatten die Esslinger Wagenbauer etwa 8000 Eisenbahn- und Straßenbahnwagen aller Art geliefert. Noch vor dem Ersten Weltkrieg folgte die Fabriknummer 10 000, ein grüner vierachsiger Drehgestell-Schnellzugwagen, Gattung ABCCü, für die württembergischen Staatseisenbahnen. In den Jahren 1940/41 entstand in Esslingen der seinerzeit längste deutsche Triebwagen (Fabriknummer 20 000). Er war vierachsig, hatte zwei 180-PS-Dieselmotoren, Liechty-Drehgestell-Radsatzsteuerung und Mylius-Getriebe. Er gehörte der Eisenbahn AG Schaftlach-Gmund-Tegernsee. Im Jahre 1958 trug man die Fabriknummer 25 000 ins Verzeichnis ein. Und im Sommer 1965 rückte bereits die Fabriknummer 26 000 ganz nahe heran, die dann aber wegen der Umstrukturierung der Maschinenfabrik Esslingen nicht mehr in die Lieferliste kam.

Zur historischen Bilder-Revue

Ein Rückblick

In unserer Retrospektive der Esslinger Unternehmensgeschichte erleben wir das Spiegelbild einer sich in rund 120 Jahren vollziehenden Geschichte des Waggonbaues, einer Schienenfahrzeugsparte, die mit rührend primitiven handwerklichen Mitteln anfing, in die Serienfertigung überleitete und nun mit der Anwendung wissenschaftlicher Errungenschaften des Computer-Zeitalters dem 21. Jahrhundert entgegensieht.
Die beiden, auf Jahrzehnte hinaus wichtigsten Esslinger Abteilungen, der Waggonbau einerseits und der Lokomotivbau andererseits, besaßen je ein leistungsfähiges Konstruktionsbüro, in denen sich immer wieder eine streitbare, aber doch erfolgreich arbeitende Techniker-Gemeinschaft fand, die nicht ohne Berufsstolz ihre Ideen verwirklichte, mitunter auch am gesetzten Ziel scheiterte, aber kaum verzagte und die Präsenz ihrer Schienenfahrzeug-Entwicklungen auf den Märkten der Welt nie aus dem Gesichtsfeld verlor.
In jenen beiden „Basis"-Abteilungen der ME gab's kein normiertes, auf bestimmte Baugruppen oder Fahrzeuggattungen festgelegtes Projektieren und Konstruieren. Weder der Lokomotiv- noch der Wagenbau beriefen sich auf exakt spezialisierte Entwicklungsbüros nur für Dampflokomotiven, allein für elektrische oder nur für Diesel-Lokomotiven. Man „kultivierte" auch keine ausschließlichen Eisenbahnwagen-, keine „artreinen" Straßenbahn- oder Triebwagen-Konstruktionssäle. Selbstverständlich kam das nicht von ungefähr. Eine solche Organisationsform einer mittelgroßen Maschinenfabrik hing auch mit der Beherrschung von Art und Zahl der Auftragseingänge und mit den Fertigungskapazitäten zusammen.
Sowohl innerhalb der Wagen- als auch der Lokomotiv-Konstruktion mußten die verantwortlichen Konstrukteure gewissermaßen Alleskönner sein, ja sogar im Zusammenwirken mit den Einkaufsabteilungen die Werkstoff-Dispositionen treffen, auch mit den Betriebsleitern, Meistern und dem Abnahmepersonal eng zusammenarbeiten.
Das war anstrengend, ließ keine abwartende Zurückhaltung aufkommen und machte die Vielseitigkeit der jeweils aktuellen Schienenfahrzeugtechnik zum Alltagsgeschäft. Es gab also keine sauber gegliederten Entwicklungs- und Konstruktionsbüros, statt dessen kannte man viel eher die „grenzüberschreitende" Kooperation zwischen Waggon- und Lokomotivbau. Manche Schienenfahrzeuge oder deren Baugruppen, darunter Dampf-Triebwagen, Aufbauten für Drehgestell-Diesellokomotiven und Zahnradbahn-Fahrzeuge, haben in gemeinsamer Entwicklung das Licht der Schienenwelt erblickt. Und der Austausch von Nutzungsdaten, Prüfstand-Ergebnissen und mathematischen Verfahrensgängen war ohnehin selbstverständlich.
Versuchen wir es in unserer Darstellung also mit der, von den Erzeugnisgruppen unabhängigen Chronologie einer nicht ganz problemlosen „Hohen Kunst" erprobter Bild-Dokumentationen. Die Anschaulichkeit in zeitlicher Reihenfolge, etwa im Rhythmus des Entstehens der Vielfalt der Konstruktionen, macht das Verständnis für die wechselnde Buntheit und Diversifikation der Berufsarbeit ziemlich deutlich. Als ein altbewährtes Mittel, auf Technikhistorie und internationale Einordnung zu setzen, hat sich eben die Bild-Chronologie erwiesen, nach deren Muster hier verfahren wird. Natürlich kann unser Beispiel die Leser nicht von ihrer Neigung befreien, selbst zu urteilen.
Die unverzichtbaren Rückgriffe auf zahlreiche der folgenden Historienfotos ermöglichten in dankenswerter Weise vor allem Sarolta Büttner (Archiv der Daimler-Benz AG) und Elmar Dornisch (Posttechnisches Zentralamt). Des Verfassers Dank gilt aber auch der Deutschen Bundesbahn (Zentrale Presse und Öffentlichkeitsarbeit) und Horst J. Obermayer.
Die Faszination dieser Technik-Bilder aus zwei Jahrhunderten erscheint im Rahmen unserer Publikation wichtiger als jeder weitschweifende aufklärerische Anspruch,

wenngleich selbstverständlich auf relativierende Begleitinformationen und manchen kritischen Kommentar nicht zu verzichten war. Daß die Einheiten des „Système International d'Unités" (SI) nur bedingt Anwendung fanden, lag am praktizierten Maßsystem der Techniker des hier streiflichtartig beleuchteten Zeitraumes. Dabei ist die den Fotos und Zeichnungen vorangestellte Jahreszahl meist, aber nicht unbedingt identisch mit dem Bau- oder Lieferjahr. Sie gibt in manchen Fällen lediglich einen Anhaltspunkt für die zeitliche Zuordnung.

1826 und erste Entwicklungen:

Zweiachsiger Reisezugwagen A-1
für die Frühzeit-Eisenbahnen und NOROESTE

Solche und noch ältere zweiachsige Wagen erinnern an die klassischen englischen Postkutschen des dortigen öffentlichen Personenverkehrs, der sich liniengebunden auf Wegen und primitiven Straßen abspielte. Um 1826 begannen auf der britischen Insel zwischen Stockton und Darlington bereits Eisenbahn-Personenwagenfahrten mit einer auf Schienen gesetzten Postkutschen-Konstruktion „The Experiment".
Die frühen Personenwagen des vergangenen Jahrhunderts hatten hölzerne Aufbauten. Auch die Untergestelle setzten sich meist aus zwei hölzernen Langträgern und Kopfschwellen zusammen. Zusätzliche Holz-Querträger gaben dem Fahrzeugrahmen die nötige Verwindungssteifigkeit.

Die Wagen der 1. Klasse ähnelten in ihrem bunten Anstrich, in ihrer weichen Polsterung und in der eleganten Fensterform ganz besonders den oft für Exklusiv-Reisende gedachten Postkutschen. Die Speichenräder mit guß- oder schmiedeeiserner Nabe verstärkten diesen Gesamteindruck. Der hier abgebildete spätere Reisezugwagen eines nicht mehr genau auszumachenden Baujahres ist bereits eine komfortable Weiterentwicklung, die den Kutschentransport allmählich ablöste. Es handelt sich um einen typisch kurzen zweiachsigen 1. Klasse-Abteilwagen, der den Namen der Bahn „Noroeste" trägt. Seine exakten Abmessungen sind nicht überliefert. Aber er dürfte wohl ungefähr 7 m Länge und ein Leergewicht von 2,5 bis 3 t gehabt haben.

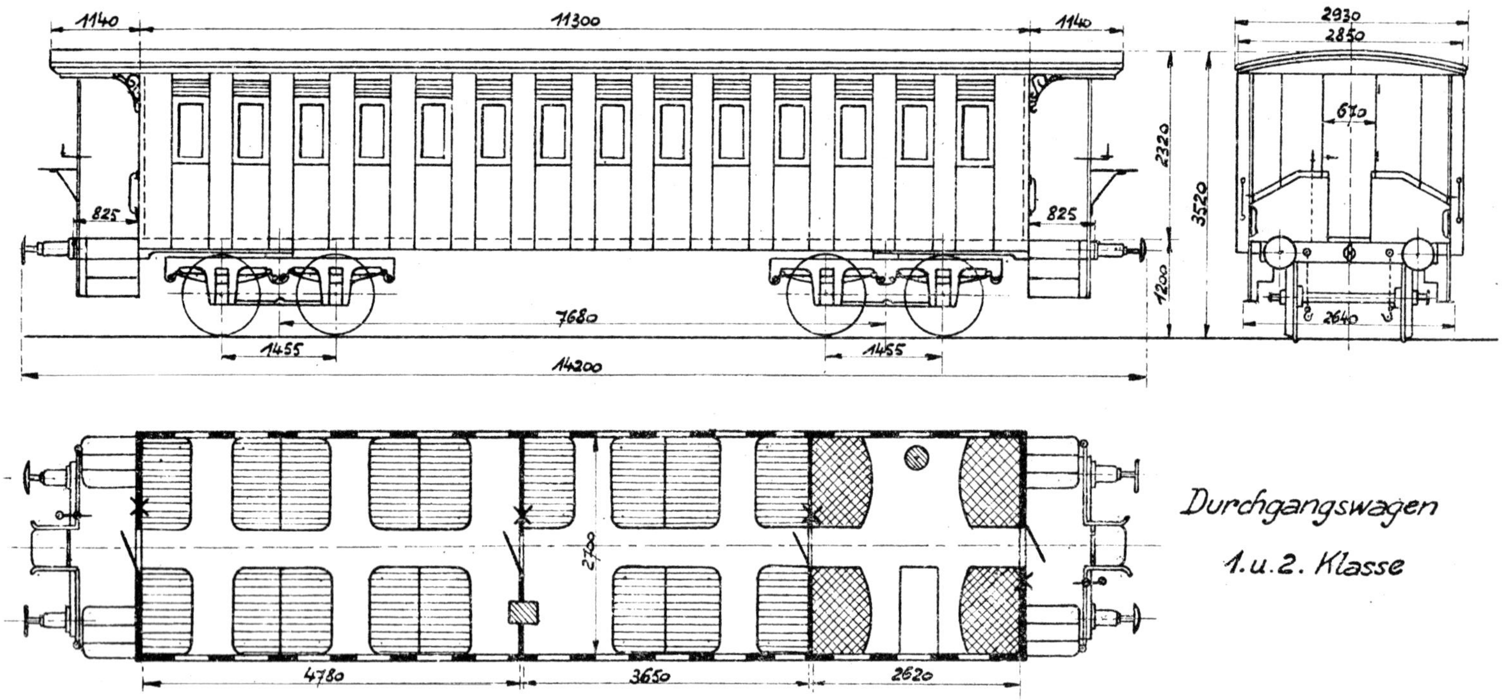

1846/1847

Vierachsiger Durchgangswagen 1. und 2. Klasse

für die Königlich Württembergischen Staatseisenbahnen

Das war der Auftakt zum Esslinger Waggonbau: Württembergischer „Intercommunicationswagen" in Drehgestell-Bauweise. Diesen amerikanischen Wagentyp fand man sehr bald im harten Wettbewerb mit dem „Coupé-Wagen".
Dem langen Vierachser-Durchgangswagen rühmten seine Freunde den bequemen Aufstieg über die Stirnseiten-Plattformen nach und lobten das zwangslose Umhergehen im Gang, wenn der Reisende nach langem Sitzen ermüdet ist. Außerdem, so sagte man, läßt es sich im geräumigen Fahrgastraum besser heizen und lüften. Darüber hinaus erschien die Fahrkartenkontrolle bequemer.

Die Verfechter des Abteilwagens verbuchten zu dessen Gunsten ein schnelleres Ein- und Aussteigen durch die zahlreichen Seitenwand-Türen, geringere Ruhestörung durch aus- und zusteigende Personen sowie eine „intimere" Atmosphäre. Hinzu kamen noch die betriebstechnischen Vorteile der leichteren Behandlung der kürzeren Wagen im Verschiebedienst und ein besseres Anpassen der Reisezug-Kapazität an den Verkehrsbedarf.
Württemberg entschied sich jedenfalls für den Durchgangswagen, der lange Zeit im Fahrzeugbestand dominierte. Und man scheute keine Kosten, die 1. Klasse solcher Wagen mit Mahagoni-Tischen auszustatten.

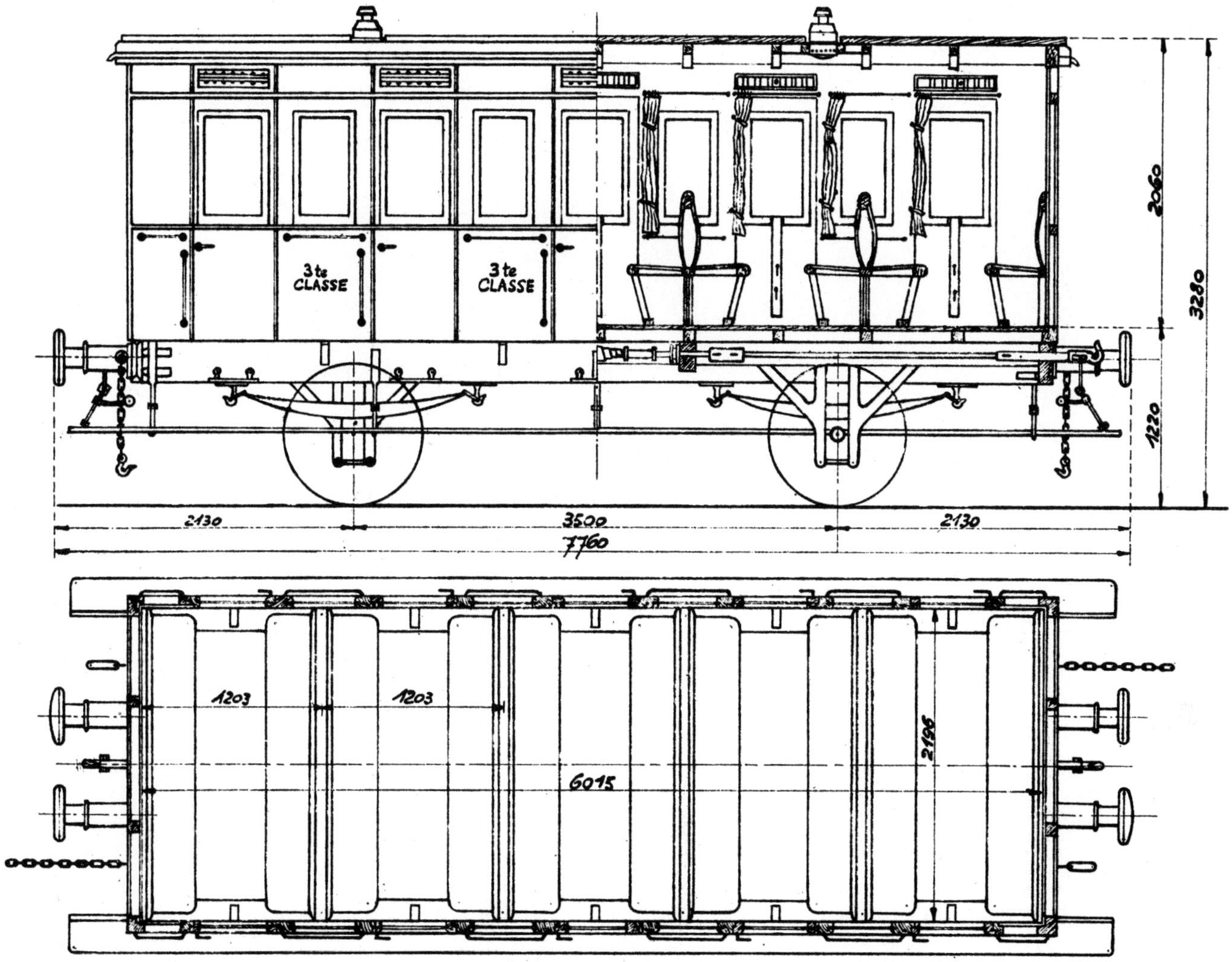

1856

Zweiachsiger 3. Klasse-Abteilwagen

für die k.k. privilegierte österreichische Staatseisenbahn-Gesellschaft

Das ist einer der ersten Export-Wagen der Maschinenfabrik Esslingen. Er hatte noch englische Baumerkmale und unterschied sich in seiner zweiachsigen Bauart kaum wesentlich von den rund zwanzig Jahre zuvor von den alten deutschen Wagenbau-Anstalten – Reifert in Bockenheim, Pauwels & Talbot in Aachen, Joseph Gastell in Mainz oder Pflug in Berlin – gebauten kurzen Personenwagen mit kleinem Achsstand und geringer Höhe von Schienenoberkante zum Dachscheitel. Trotz ziemlicher Laufunruhe traute man sich noch nicht so recht, die Radsätze weiter auseinanderzurücken. Die Eisenbahntechniker fürchteten um Schwierigkeiten beim Gleisbogenlauf. Immerhin hatte man hier schon 3,5 m Achsstand. Manche andere Bahnverwaltung ging damals kaum über 2,9 m und 3,0 m hinaus.

Obwohl man in Österreich bei den nördlichen Staatsbahnen schon 1846 die Durchgangswagen auf Drehgestellen kannte, hieß es in einer zeitgenössischen Fachveröffentlichung: Sowohl für das reisende Publikum als auch für den Betrieb erwiesen sich kleinere Wagen mit abgeschlossenen Coupés zweckmäßiger, indem sich in denselben die Reisenden gegenseitig weniger belästigten und für längere Fahrten bequemer einrichten konnten, um so mehr als für Beheizung, gute Beleuchtung und Closets nicht vorgesorgt war. Man baute daher für Hauptlinien nur mehr Coupéwagen und verwendete die amerikanischen Wagen für den Lokalverkehr, in welchem sie vorzügliche Dienste leisteten.
Österreich war übrigens auch das europäische Land, deren Eisenbahn-Ingenieure schon in der ersten Hälfte des vorigen Jahrhunderts die radiale Einstellung der Wagen-Radsätze im Gleisbogen studierten und ausprobierten.

1860

Zweiachsiger Personenzugwagen

für Sekundär-, Lokal- und Nebenbahnen

Hier handelt es sich um einen 2. Klasse-Wagen aus der Frühzeit der Eisenbahnen. Er hatte einen kurzen Radstand, zwei offene Plattformen, Stangenpuffer und Handspindelbremse, aber auch schon die Schraubenkupplung. Er hatte außerdem Blatt-Tragfedern, die auf die Achslagergehäuse aufgesetzt und mit einfachen Schaken an den Federböcken des Untergestells aufgehängt waren. Sie würden im allgemeinen genügen, um nicht nur die Vertikalkräfte, sondern auch die während der Fahrt entstehenden horizontalen Längs- und Querkräfte zwischen Wagenkasten und Radsätzen aufzunehmen und zu übertragen. Als zusätzliche Sicherung wurden bei diesem nur rund 8 m langen und knapp 7 t schweren Regelspurwagen jedoch die üblichen Achshalter mit Achsgabelstegen vorgesehen.

Wenn auch dieser typische, mit der Nummer 11 und den Initialen „C.S." abgelieferte Wagen, hier in Esslingen fotografiert, heute nicht mehr ohne weiteres dem seinerzeitigen Besteller zuzuordnen ist, so läßt sich sagen, daß ganz ähnliche Fahrzeuge bei verschiedenen deutschen und ausländischen Neben- und Kleinbahnen in den Jahren 1860 bis 1885 und auch noch später anzutreffen waren. Sie gehörten zur Nahverkehrsgeschichte gemütlicher Eisenbahn-Jahrzehnte, darunter auch auf den Strecken der Calabrisch-Sizilianischen Bahnen, der Complementär-Bahnen Sardiniens, der Mailänder Nordbahn, der Bahnen Österreich-Ungarns und mancher Balkan-Eisenbahn.

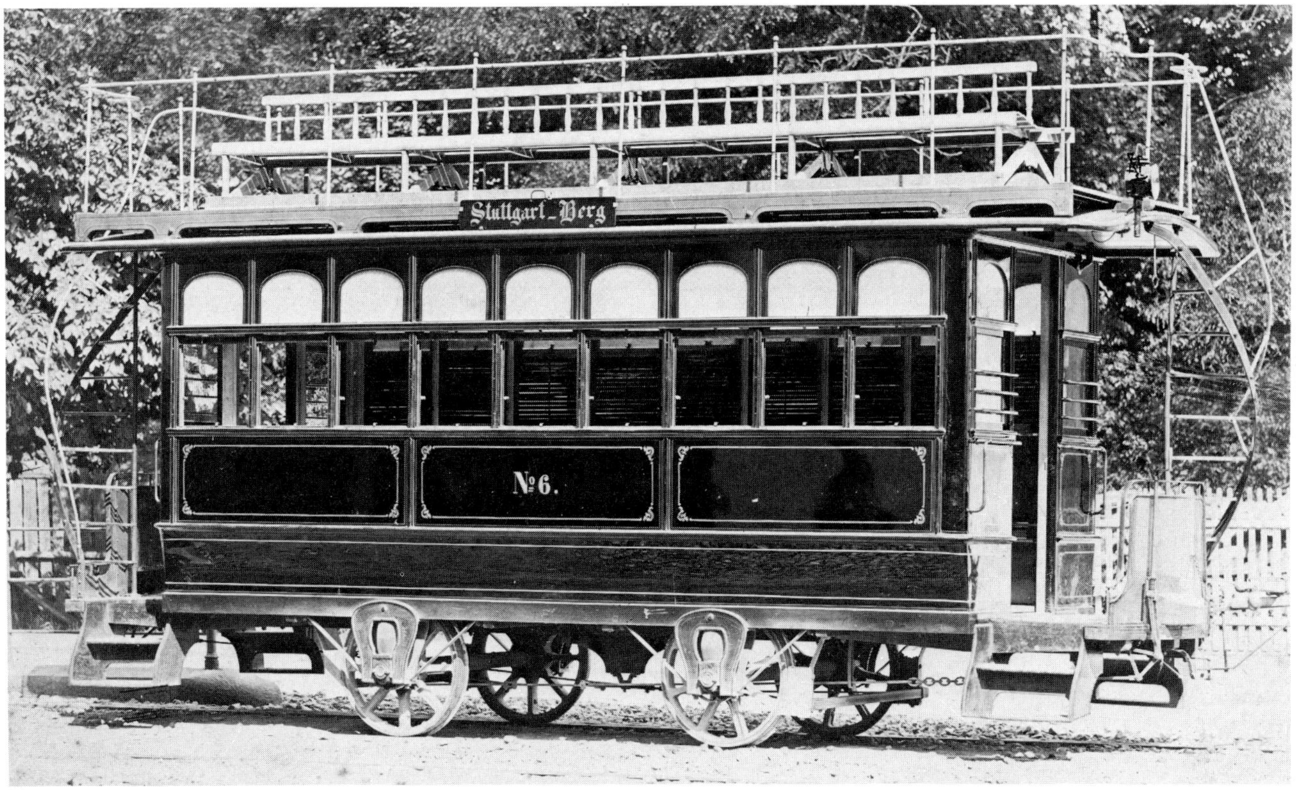

1868

Doppelstock-Wagen Nr. 6

für die Stuttgarter Pferde-Eisenbahn-Gesellschaft

Am 28. Juli 1868 hatte man im Beisein geladener Gäste und Aktionäre die eingleisige Strecke Archiv – Berg des ersten Bauabschnitts der Stuttgarter Pferde-Eisenbahn-Gesellschaft eingeweiht. Der reguläre Betrieb begann am nächsten Tag mit acht Wagen, neun Kutschern und neun Kondukteuren.
Alle Wagen wurden normalspurig bestellt und von der Maschinenfabrik Esslingen gebaut. Einen der acht großen „Imperialwagen" mit Fahrgastplätzen auf dem Dach zeigt unser historisches Foto. Innerhalb des Wagens befanden sich 18 Sitzplätze, auf dem Dach 20 Sitze, und außerdem gab es noch 12 Stehplätze.
Zwei Pferde wurden gebraucht, um das besetzte, etwa 6,2 t wiegende Fahrzeug auch über die größte vorkommende Steigung von 2,5 % zu ziehen. Man rechnete damals mit einer Fahrgeschwindigkeit in der Ebene von 7 bis 7,5 km/h.

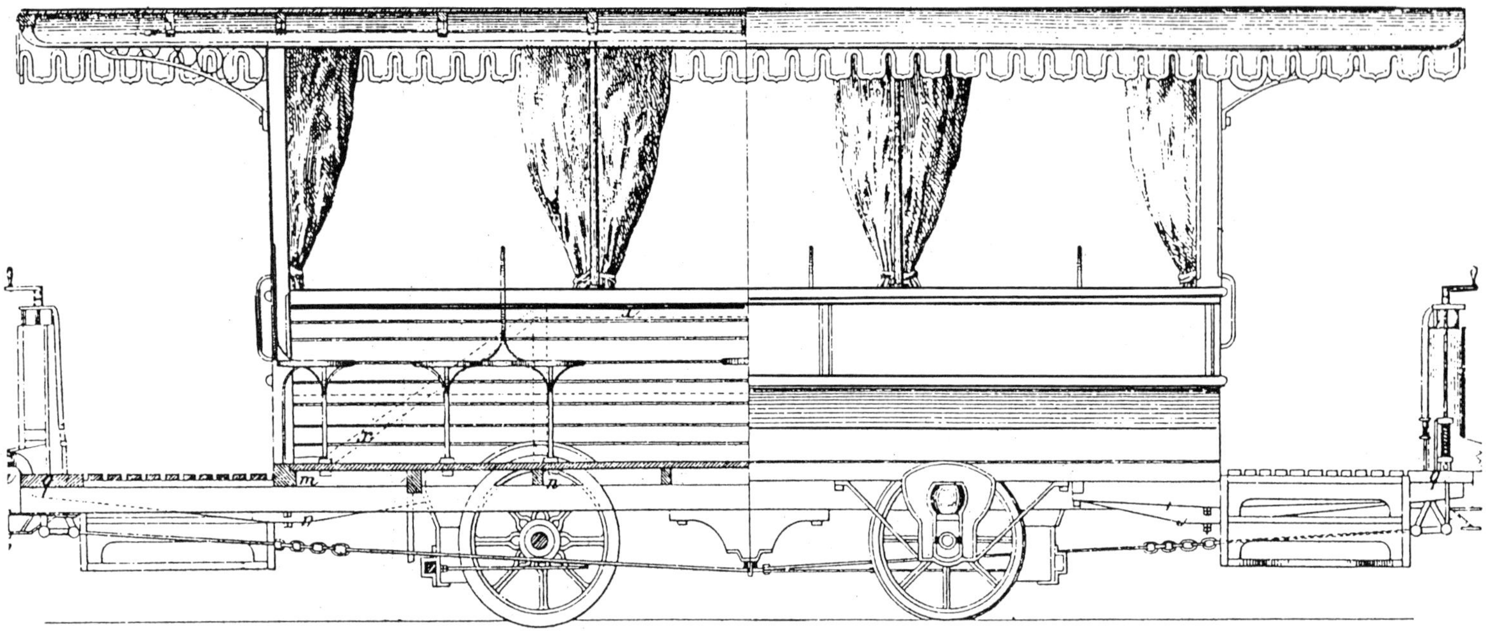

1869

Zweiachsiger Sommerwagen Nr. 16

für die Stuttgarter Pferde-Eisenbahn-Gesellschaft

Der Fahrzeugpark der Stuttgarter Pferde-Eisenbahn-Gesellschaft bestand anfangs aus acht großen doppelstöckigen „Imperial-Wagen“ und sechs offenen, nur während der wärmeren Jahreszeit eingesetzten Sommerwagen.
Unsere historische Zeichnung und das Foto zeigen einen solchen regelspurigen Sommerwagen mit durch Handspindeln bedienter Klotzbremse.
Im Jahr 1889 kam die Vereinigung der Pferde-Eisenbahn-Gesellschaft mit der jüngeren Neuen Stuttgarter Straßenbahn-Gesellschaft Lipken & Cie. Die alte Gesellschaft hatte zu diesem Zeitpunkt bereits insgesamt 47 Imperial- und Sommerwagen im Bestand. Das gesamte Streckennetz und die Wagen sind dann auf Meterspur umgebaut worden.

1869

Zweiachsiger Pferdebahn-Wagen Nr. 29

für die Stuttgarter Pferde-Eisenbahn-Gesellschaft

Dieses Esslinger „Paradefoto“ macht uns besonders deutlich mit den damaligen formschönen und liebevoll gestalteten Pferdebahnwagen vertraut. Auf der rechten offenen Plattform sieht man die in den Rohrhalter eingesteckte Peitsche und die Handbremskurbel. Eine Ornamenten-Bemalung an den Seitenwänden, die schmiedeeisernen Dachkonsolen und die hölzernen Fensterjalousien sind einige Konstruktionsmerkmale der hart, fast ohne Federung fahrenden, über die Schienenstöße holpernden Wagen.

1869

Zweiachsiger Bahnpostwagen P. 21
für die Königlich Württembergischen Staatseisenbahnen

Hier haben wir ein „Fossil" aus der alten Bahnpostwagen-Zeit Württembergs. Das aus dem Archiv des Verfassers entnommene, schon recht vergilbte Foto zeigt den typischen Zweiachser (mit rund 7 m Wagenkastenlänge, zwei offenen Plattformen und dicken hölzernen Bremsklötzen) auf der Schiebebühne.
Auffallend sind die beiden Blattfederpakete oberhalb der Achslager. Nicht zuletzt hatten die Postwagen auch zur Entwicklung der Reisezugwagen wesentlich beigetragen. Das galt besonders für die oft vorbildliche Abfederung (Reifertsches Doppelfedersystem), der man in Anbetracht des tagelangen anstrengenden Dienstes der mitfahrenden und im Wagen arbeitenden Beamten große Aufmerksamkeit schenkte. Das galt aber auch ebenso für die frühe Einführung der elektrischen Beleuchtung.
Nach späterem Gattungsplan hätte der Wagen die Bezeichnung –a/7 erhalten.

1869

Tiefladewagen Nr. L 501

für die Königlich Württembergischen Staatseisenbahnen

Das ist einer der frühesten württembergischen Spezialwagen für Schwertransporte. Er stand schon im Jahr 1869 zur Verfügung, als die Maschinenfabrik Esslingen ihre russischen Breitspur-Lokomotiven nach Charkow verschickte.

Die rund 30 t schwere Lokomotive mit etwa 4700 mm Radstand und 1676 mm Kuppelraddurchmesser konnte auf diesem 12 m langen Tieflader bequem untergebracht werden, der sich hier auf der alten Schiebebühne der ME präsentiert.

Das vierachsige Tieflade-Fahrzeug läßt Innenrahmen-Drehgestelle und einen in Niet- und Schraubkonstruktion kombinierten, nach unten durchgekröpften Hauptträger erkennen.

1870

Steinwagen Nr. 2186 ▲

der Pfälzischen Eisenbahnen (Pfalz-Bahn)

Dieses zweiachsige offene und ungebremste Fahrzeug gehört zur pfälzischen Betriebsnummernserie 2181–2217. Es diente hauptsächlich zum Abtransport der Steine aus den bahneigenen Steinbrüchen. Lademengen und Gewichte wurden damals in Centnern genannt. Hier sind es 119 Centner für das Eigengewicht und 200 Centner für die Tragkraft.
Der vermutlich braun gestrichene Steinwagen stammt aus dem Jahr 1870, hatte 3600 mm Radstand und wurde mit Fabriknr. 3510 in Esslingen gebaut. Die Wagennummer und der Eigentumsvermerk „Pfalz-B." ist in jenen Jahren einheitlich in weißer Schrift aufgemalt worden.

1877

Vierachsiger Salonwagen

für die russische Ural-Eisenbahn

Als am 1. März 1881 Zar Alexander III. seine Regierungszeit antrat, wurden viele bestehende Privatbahnen verstaatlicht. Auch die Ural-Bahn mit einer damaligen Streckenlänge von 671 Werst (716 km) kam unter Staatsregie und wurde 1887 der Direktion in Perm zugeordnet. 1894 betrug die Streckenlänge 1018 Werst (1087 km).
Die ersten russischen Salonwagen gab es wahrscheinlich auf der Nicolai-Bahn. Zaren, „Eisenbahn-Könige" und Direktoren schätzten es, während der Fahrt nicht nur zu repräsentieren, sondern auch die gewohnte Bequemlichkeit zu haben und von Fremden unbelästigt reisen zu können. Und so wurden die Hofzug- und Salonwagen auch nach den Wünschen des Bestellers eingerichtet. Unser Werkfoto zeigt einen im Jahr 1877 in Esslingen gebauten Salonwagen mit stirnseitigem Aussichtsabteil für die Ural-Eisenbahn-Gesellschaft. ▼

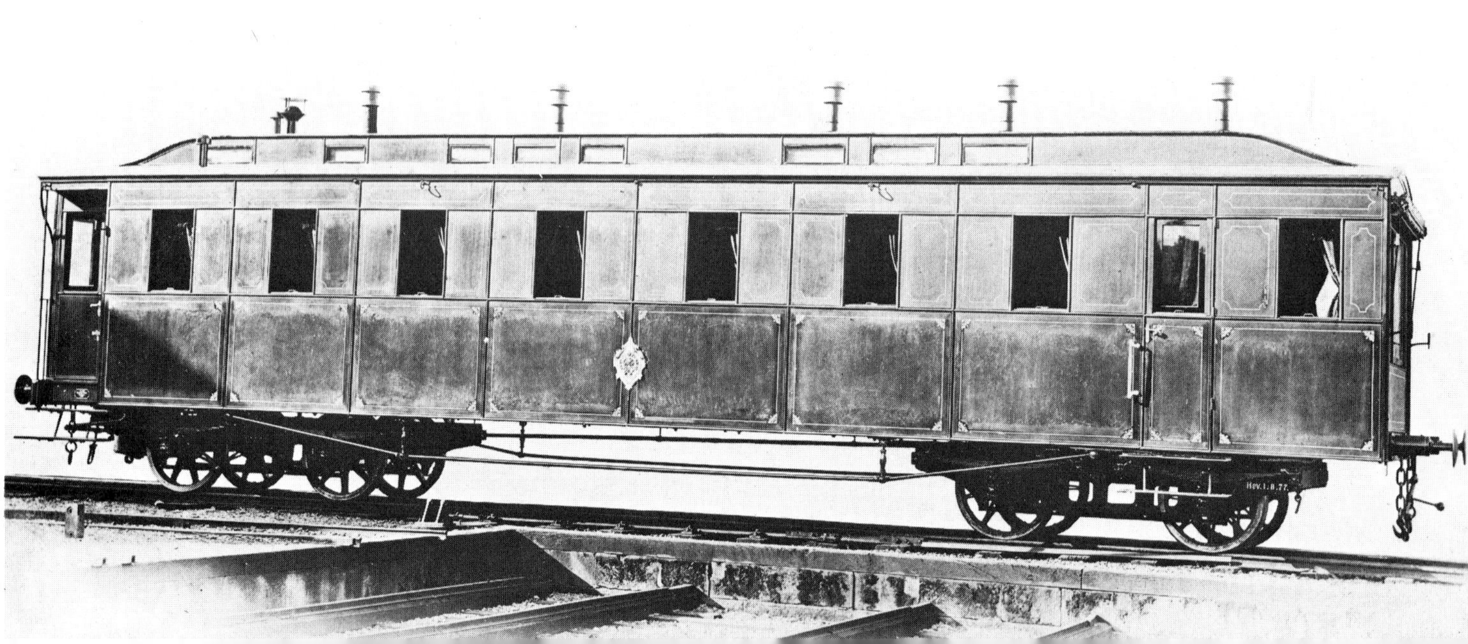

1879

Vierachsiger Reisezugwagen Nr. 4 ▲

für die russische Ural-Eisenbahn

Bereits in den Jahren 1876 bis 1878, also noch vor der Verstaatlichung der Bahn, hatte die Maschinenfabrik Esslingen umfangreiche Lokomotiv-Aufträge für die Ural-Bahn ausgeführt. Man brauchte dort Transportkapazitäten für die großen Industrie-Standorte im Ural und in seinem Vorfeld. Die Städte Perm und Jekaterinburg (Swerdlowsk) galten als die wichtigsten Zentren der Hütten- und Schwer-Industrie, der Kohlenförderung, der Holz verarbeitenden Betriebe und der Viehzucht.
Selbstverständlich war nicht nur der Güter-, sondern auch der Personenverkehr recht ausgeprägt. So lieferte die ME auch Personenwagen wie hier als Beispiel einen 1./2.-Klasse-Wagen mit einer Sitzplatzanordnung 1 + 3, mit Oberlichtaufbau und Dachlüftern. Dieser in zwei Großräume unterteilte Wagen stammt aus dem Jahr 1879. Seine Spurweite beträgt 1524 mm.

1883/1884

Vierachsiger Doppelstockwagen Nr. 13

für die Dampftrambahn Muelhausen-Einsisheim-Wittenstein

Auf der elsässischen Dampftrambahn Muelhausen-Einsisheim-Wittenstein (S.M.E.W) wurden zum Befahren relativ kleiner Kurven mit geringem Gleishalbmesser besonders kurvengängige Brown'sche Lokomotiven und kleinrädrige Drehgestellwagen geringen Achsstandes gebraucht.
Die ME lieferte dafür diese meterspurige Wagenbauart. Das Verkehrsaufkommen und die dortigen Betriebsverhältnisse im Vorortverkehr veranlaßten die Konstrukteure, einen solchen Doppelstockwagen-Entwurf für die III. Klasse aufzustellen und zu verwirklichen. ▼

1883

Salonwagen As 50 ▲

für die Gotthardbahn

Die Gotthardbahn (zuerst Tessinische Talbahnen) hatte schon im vergangenen Jahrhundert mehrere Lokomotiv- und Brückenbau-Aufträge nach Esslingen vergeben. Aber auch Wagenbau-Bestellungen an die ME fehlten nicht.

Hier ist das Beispiel eines 1. Klasse-Wagens mit 21 Sitzplätzen, der als Salonwagen eingestuft wurde. Er hatte einen großfenstrigen „Aussichtspavillon", Toilette und Gasbeleuchtung.

Zur technischen Ausrüstung des 13 t schweren „Erstkläßlers" zählten eine Handspindelbremse, die Hardy- und Westinghouse-Bremsleitungen sowie die stirnseitigen Ein- und Ausstieg-Plattformen.

Die Gotthardbahn zeichnete sich noch vor der Jahrhundertwende durch die Inbetriebnahme luxuriöser Erster-Klasse-Wagen aus. Zwei ähnliche Salonwagen (Nr. As 33 und 36) lieferte 1883 übrigens auch die Schweizerische Industrie-Gesellschaft Neuhausen. Die Wagen hatten eine Länge über Puffer von 11 900 mm und einen Achsstand von 5500 mm, der später auf 7500 mm vergrößert wurde.

1884

Zweiachsiger Personenwagen

für die Halberstadt-Blankenburger Eisenbahn

Die Verwaltung der Halberstadt-Blankenburger Eisenbahn (H.B.E.) bestellte für ihren Personenverkehr auf der Harzbahn mehrere Reisezugwagen, die den preußischen Normalien weitgehend angeglichen waren. Dazu gehörten ein Salonwagen, zwei Wagen 1./2. Klasse, vier Wagen 3. Klasse und zwei kombinierte Gepäck-Post-Wagen. Alle diese Wagen, überwiegend der Baujahre 1884/1885, waren Durchgangswagen mit offenen Plattformen, Kohleheizung und Gasbeleuchtung.

Unser Bildbeispiel zeigt eine Esslinger Lieferung aus jenen achtziger Jahren, in denen die ME auch mehrere Zahnradlokomotiven an die Harz-Zahnradbahn lieferte. ▼

1884

Aussichts-Personenwagen

für die Zahnradbahn von Rüdesheim zum Niederwald-Denkmal

Diese zweiachsigen und 6650 mm langen Aussichtswagen für die Riggenbach-Zahnradbahn zum National-Denkmal auf dem Niederwald fuhren auf Meterspur.
Bei 2750 mm Wagenbreite konnten in je vier Abteilen zu je zehn Sitzplätzen auf Holzbänken insgesamt 40 Personen mitfahren. Zusätzliche fünf Stehplätze und ein Schaffnerplatz befanden sich auf der Plattform jeden Wagens.

Eine Besonderheit dieser Fahrzeuge war das auf dem Laufradsatz unter der Plattform angeordnete Bremszahnrad mit Handspindelbetrieb.

1884

Zweiachsiger II. Klasse-Personenzugwagen Nr. A. 3 ▲

für die Società Italiana per le ferrovie economiche e tramvie a vapore della provincia di Pisa

Einige Jahre vor Gründung des Esslinger Zweigbetriebes in Saronno bei Mailand lieferte die ME solche „vierrädrigen" Personenwagen mit offenen Plattformen an diese konzessionierte italienische Privatbahn-Verwaltung. Dieses Dampf-Trambahn-Unternehmen betrieb die Strecken im Gebiet von Pisa, Pontedera und Calci (P.P.C) im Norden der Toskana.
Der gezeigte Esslinger Wagen stand im Dienst zwischen Navacchio und Pontedera.

1884

Zweiachsiger Personenwagen Nr. BB. 55 mit Gepäck- und Postabteil

für die Società Italiana per le ferrovie economiche e tramvie a vapore della provincia di Pisa

Ein interessantes Fahrzeug für den Dampfbahn-Dienst zwischen Navacchio und Pisa war dieser „vierrädrige Kombinationswagen". Er führte die I. und II. Klasse und hatte eine in Wagenmitte angeordnete, offene Mittelplattform zum Ein- und Aussteigen. Außerdem gab es noch je ein Post- und ein Gepäck-Abteil.
Die Handbremsspindel befand sich in Wagenmitte auf der Plattform.
Zu den anderen Italien-Lieferungen zählten die verschiedenen, 1886 gebauten zweiachsigen Erster-, Zweiter- und Dritter-Klasse-Wagen sowie die Gepäck- und Postwagen für die Società per la Ferrovia Novara-Saronno-Seregno (später Mailänder Nordbahn). ▼

1884

Zweiachsiger Personenwagen A 1 (Typ Z 51)
für die Zahnradbahn Stuttgart – Degerloch

Wir sehen hier den 5,63 t schweren Wagen A 1 mit der Zahnrad-Dampflokomotive „Stuttgart", beide in Esslingen gebaut, am 22. August 1884 im Talbahnhof der meterspurigen Zahnradbahn. Der 9130 mm lange Wagen mit zwei offenen Plattformen konnte 68 Fahrgäste (davon 48 sitzend) aufnehmen. Der Zweiachser hatte 4000 mm Achsstand und nur 2470 mm Breite.

Nach rund zwanzig Jahren Dampfbetrieb folgte die Elektrifizierung der Bahn. Die Wagen dieser Bauart kamen um 1906 zur Härtsfeldbahn Aalen – Dillingen (Donau).

1885

Schmalspur-Rollbock

für die Königlich Sächsischen Staatseisenbahnen

Das ist einer der Frühzeit-Rollböcke nach Paul Langbeins Vorschlägen, wie er zunächst für die Königlich Sächsischen und Königlich Bayerischen Staatseisenbahnen in einfachster Form und noch ohne Bremsausrüstung gebaut worden ist.
Zwischen den mit Primitiv-Achslagern bestückten Radsätzen lag – unterhalb der genieteten Plattform – ein schwenkbarer Querträger, der den Radsatz des zu befördernden Normalspurwagens aufnahm. Der Radsatz des Regelspurwagens wurde am Aufstandpunkt mit Hilfe gelenkig angeordneter Klauen festgespannt. Die Achswelle erfuhr ihre Arretierung durch die hochgeklappten Zangen.
Die Rollböcke jener Zeit erhielten meist 800 oder 900 m Achsstand.

1887

Schmalspur-Rollbock

für verschiedene deutsche Schmalspurbahnen

Das ist ein in seiner Konzeption aus der Bauart des Jahres 1885 hervorgegangener Rollbock mit Vollrädern für 10 t Tragfähigkeit.
Er unterscheidet sich von der Primitiv-Ausführung durch den Einbau einer auf der Achswelle eines Radsatzes angeordneten, mechanisch oder handbetätigten Scheibenbremse. Sie wurde von Bremsbelägen beaufschlagt, die nach Art der Bandbremsen befestigt waren.
Die später vorgesehenen Druckluft- oder Luftsaugebremsen mit durchgehenden Leitungen, auch für die Rollböcke, boten dann die Möglichkeit, den gesamten Rollbock-Zug vom Führer-Bremsventil der Lokomotive aus zu regulieren und abzubremsen.

1888

Standseilbahn-Wagen

für die Nerobergbahn in Wiesbaden

Die 490 m lange und mit 26 % Maximalsteigung angelegte Nerobergbahn arbeitete mit Wasserballastbetrieb und Riggenbach-Leiterzahnstange. Die nach dem Zweiten Weltkrieg in Esslingen modernisierten Wagen boten 40, später 50 Personen Platz. Beide Wagen hatten 9200 mm Länge und 5300 mm Achsstand, wobei man auf Meterspur fuhr.

Der im Bild auf der Brücke zu sehende Wagen ist die modernisierte Version. Das historische ältere Foto präsentiert uns das ursprüngliche Aussehen des Wagens mit durch Querstäbe vergitterten Fenstern und geometrischer dreieckiger und rechteckiger Betonung der Seitenwände. Dieses alte Foto ist früher oft in Esslinger Werbedruckschriften mit folgendem Text verwendet worden: Für die Steilheit der Seilbahnen gibt es keine Grenzen. Die größte von der ME „bis jetzt" ausgeführte Steigung betrug 78 %. Und weiter: Zum Antrieb der Seilbahnen wird in vielen Fällen nur die Schwerkraft benutzt. Dann befindet sich am oberen Endpunkt der Bahnstrecke eine Seilrolle, über welche das aus bestem Tiegelgußstahl gefertigte Drahtseil läuft. An jedem Ende des Seils hängt ein Wagen. In seinem Untergestell befindet sich ein Wasserbehälter, der gefüllt wird, wenn sich der Wagen am oberen Endpunkt der Bahn befindet und geleert wird, wenn der Wagen unten angekommen ist.

Das Gewicht des zu Tal fahrenden Wagens ist also durch das Wasser derart vermehrt, daß dieser den anderen Wagen hinaufzieht. Ist kein Wasser auf der Höhe des Berges vorhanden, so muß die Seilrolle, um die das Drahtseil geschlungen ist, mechanisch angetrieben werden. Die Triebkraft kann beispielsweise eine Dampfmaschine, ein Gasmotor oder ein Elektromotor sein.

1890

Kabel-Straßenbahnen

für die Nova Companhia dos Ascensores mechanicos de Lisboa

Die zwar landschaftlich herrliche, aber dem öffentlichen Nahverkehr recht hinderliche Lage von Portugals Hauptstadt Lissabon machte außergewöhnliche Trambahn-Bauten erforderlich, an denen sich auch die ME mit Entwürfen und Konstruktionen beteiligte. In den Jahren 1890 und 1891 wurden die in Esslingen hergestellten Bahnen Camões – Estrella und Rua de Palma – Largo de Graça – beide mit Spurweite 800 mm – geliefert. Auf der erstgenannten Strecke verkehrten kurze Trambahnwagen mit einem besonderen Kabel-Greiferwagen (System Mesnier de Ponsard). Für die Strecke vom Rua de Palma baute die ME längere Wagen, die mit eingebautem Greifer und Bremsausrüstung im Kabelbahnbetrieb ihren Personenbeförderungsdienst versahen.
Die Esslinger Fahrzeuge wurden für Zweirichtungsbetrieb eingerichtet. Nachteilig war bei allen Kabelbahnen, daß die Greifer im Wirkungsprinzip naturgemäß Reibungskupplungen darstellten, so daß beim Schleifenlassen der Greifer das Kabel durch Abrieb einem beträchtlichen Verschleiß unterworfen wurde. Die Seil- und damit die Wagengeschwindigkeit lag bei etwa 3 m pro Sekunde.

1890

Tiefladewagen, Gattung, SStkn
der Deutschen Reichsbahn-Gesellschaft

Dieser vierachsige Regelspur-Tiefladewagen mit gekröpftem Schraub- und Nietträger stammt aus dem Jahr 1890 und entsprach den württembergischen Plattformwagen, Gattung SS, einer alten Esslinger Lieferung. Einige dieser Wagen besaßen ein Verladegleis für Meterspur-Fahrzeuge.
Die Deutsche Reichsbahn übernahm den abgebildeten Tieflader (Heimatbahnhof Cannstatt) und ordnete ihn in den Gattungsbezirk Köln mit der Nummer 583 ein.
Die Hauptabmessungen waren:
Eigengewicht des Wagens mit Zubehör 16 330 kg, Ladegewicht 35 000 kg, Tragfähigkeit 36 700 kg, Ladelänge 12,1 m, Drehzapfenabstand 9500 mm, Drehgestellradstand 1230 mm, Gesamtradstand 10 730 mm, Raddurchmesser 1000 mm und Länge über Puffer 12 900 mm.
Im Foto des Jahres 1925 sehen wir den Transport einer ebenfalls von der ME gebauten gemischten Reibungs- und Zahnradlokomotive für die 900-mm-Spur-Strecken der früheren Grube Bismarck der Braunkohlenwerke Leonhard AG in Zipsendorf.

1891

Meterspur-Personenwagen Nr. 21
der Württembergischen Staatseisenbahnen

Der im Januar 1975 von einem Mitarbeiter des „Arbeitskreises Jagsttalbahn" der Deutschen Gesellschaft für Eisenbahngeschichte (DGEG) vor einer drohenden Verschrottung erworbene Schmalspur-Personenwagen ist eine Esslinger Konstruktion (Fabriknr. 7328) aus dem Jahr 1891. Der Wagen stand im Dienst auf der Meterspurstrecke Nagold – Altensteig und erlebte dort noch die Reichsbahn- und Bundesbahn-Zeit.
Nach einer späteren Verwendung mit der neuen Bezeichnung „0132 Karlsruhe" auf der Odenwaldstrecke Mosbach – Mudau wechselte das niedliche, nur 8430 mm lange zweiachsige Fahrzeug in Privatbesitz und diente als Werkstatt, als Büro und schließlich als Gasflaschenlager.
Unser Pressefoto (DGEG/Uhlig) präsentiert uns das kümmerliche Wagenfragment ohne Fahrgestell in ländlicher Idylle. Der Wagen wog im Neuzustand 6,6 t, hatte 5 m Achsstand (Raddurchmesser 750 mm) und 32 Sitzplätze (3. und 4. Klasse). An beiden Stirnseiten befand sich eine offene Plattform mit Drehgeländer.

1892

Mit Lenkradsätzen:

Gedeckter Schmalspur-Güterwagen, Gattung, GGsm

der Deutschen Bundesbahn

Ursprünglich lieferte die ME dieses vierachsige Fahrzeug als offenen Güterwagen (Gattung OOsm) im Jahr 1892 für die württembergische Meterspurstrecke Nagold – Altensteig. Er trug die Fabriknummer 7502 und maß über Puffer 10 900 mm.
Besonders auffallend war das Sonder-Laufwerk mit seitenverschiebbaren Mittel-Radsätzen. Dabei wurde jeder mittlere Radsatz mit seinem benachbarten Endradsatz derart über ein Lenk-Gestänge gekuppelt, daß die Seitenverschiebung der Mittel-Radsätze eine Radialeinstellung der End-Radsätze bewirkte.

Das von Horst J. Obermayer aufgenommene Foto zeigt den 1898 umgebauten Wagen mit der Nummer 92 im Betriebs-Zustand bei der Deutschen Bundesbahn. Er erhielt eine Westinghouse-Druckluftbremse, dreimal 2500 mm Achsstand und eine Ladefläche von 23,9 m^2. Sein Ladegewicht betrug 15 Tonnen (Tragfähigkeit 15,75 Tonnen). Der mit Schiebetüren und einseitig angeordneter Bremsbühne ausgestattete Güterwagen wog 8,55 t. Er wurde im Jahr 1968 von der Deutschen Gesellschaft für Eisenbahngeschichte (DGEG) erworben.

1894

Gepäckwagen mit Postabteil, Nr. 151

für die Königlich Württembergischen Staatseisenbahnen

Es ist eine bei den württembergischen Schmalspurbahnen üblich gewordene zweiachsige Wagengattung. Dieser mit einer Länge über Puffer von 8430 mm und 5000 mm Achsstand ausgelegte Wagen besaßen außer dem Gepäckraum mit Postabteil auch eine Toilette.

Bei 750 mm Spurweite belief sich seine Breite auf 2600 mm. Das Ladegewicht betrug anfangs vermutlich nur 4 t, wurde jedoch gemäß Wagenbeschriftung bald auf 6,5 t heraufgesetzt. Den mit Wagennummern 141–153 beschafften Erstlieferungen folgte noch eine Nachbestellung im Jahr 1930 für die Reichsbahn (Nummern 154, 155).
Alle Wagen erhielten Vereins-Lenkachsen.

1894

Standseilbahn-Wagen

für die Schloßbergbahn in Graz (Österreich)

Die meterspurigen Esslinger Wagen für die 1894 errichtete Ausflugsbahn zum Schloßberg in Graz hingen ursprünglich an einem mittels Dampfmaschine gezogenen Seil, wobei man bei 63% Steigung auf eine Riggenbach-Bremszahnstange nicht verzichtete. Seit der Jahrhundertwende bestand jedoch ein 55 PS starker elektromotorischer Seilantrieb.

Die 6300 mm langen Wagen mit 3500 mm Achsstand boten 32 Personen Platz.

Im Jahr 1960 ist die Bahn modernisiert und mit neuen Wagen für 42 Fahrgäste ausgestattet worden.

1895

Beförderungswagen für Schmalspurfahrzeuge

der Deutschen Reichsbahn-Gesellschaft

Zum Verladen von Schmalspurfahrzeugen beschafften die Württembergischen Staatseisenbahnen in den neunziger Jahren des vergangenen Jahrhunderts spezielle Plattformwagen mit tiefliegender Ladefläche und aufmontierten Schienen in den Spurweiten von 1000 und 750 mm.
Dieser Esslinger „Transporteur" mit kurzen Drehschemeln stammt aus dem Jahr 1895. Den Wagen für 30 t Ladegewicht (Tragfähigkeit 31 500 kg) hatte sogar noch die spätere Reichsbahn übernommen und ihn vorwiegend im Werkstättendienst Friedrichshafen verwendet. Er trug vermutlich die Reichsbahn-Bezeichnung „Stuttgart 932001".

Wir haben hier das für eine Ladelänge von 10 000 mm bestimmte Vierachs-Fahrzeug mit einer aufgeladenen diesel-mechanischen Kleinlokomotive im Jahr 1936 vor dem Versand in ein Schwemmstein-Werk nach Neuwied.
Wagen und Lokomotive sind Erzeugnisse der Maschinenfabrik Esslingen.
Im Reichsbahn-Dienst erhielt dieser auf Regelspur fahrende Spezialwagen Drehschemel geringerer Abmessungen und mit innengelagerten Radsätzen. Der Drehschemel-Mittenabstand belief sich auf 7200 mm, der Gesamtradstand auf 8220 mm und der Raddurchmesser auf 900 mm. Die Länge über Puffer betrug bei Neulieferung 11 260 mm (später 10 940 mm).

1896

Zweiachsiger Wagen Nr. 117 (Typ Z 54)
für die Zahnradbahn Stuttgart – Degerloch

Wagen dieses Typs wurden in Esslingen in den Jahren 1896/1900 (damals mit Betriebsnr. A3–A8) gebaut. Es waren Zahnradbahn-Fahrzeuge mit 4000 mm Achsstand, 730 mm Raddurchmesser und 6100 kg Leergewicht. In ihnen gab es 48 Sitz- und 26 Stehplätze.

Die Gesamtlänge der meterspurigen Wagen betrug 9550 mm. Unsere Aufnahme (Archiv SSB) stammt von der Brückeneinweihung über der Neuen Weinsteige in Stuttgart am 18. Juni 1965. Derselbe Wagen wurde bereits am 10. September 1964 zur Belastungsprobe der neuerbauten Filderbahnbrücke über die Bundesstraße 27 herangezogen.

1898

Zweiachsiger Wagen Nr. 118 (Typ Z 54)

für die Zahnradbahn Stuttgart – Degerloch

Der meterspurige Wagen entstammt der alten Lieferserie A3–A8 der Baujahre vor der Jahrhundertwende, ist hier jedoch bereits im modernisierten Betriebszustand zu sehen. Der Schnappschuß entstand am 2. März 1971 im Betriebshof der meterspurigen Bahn vor der mit Riggenbach-Zahnstange ausgerüsteten Schiebebühne.

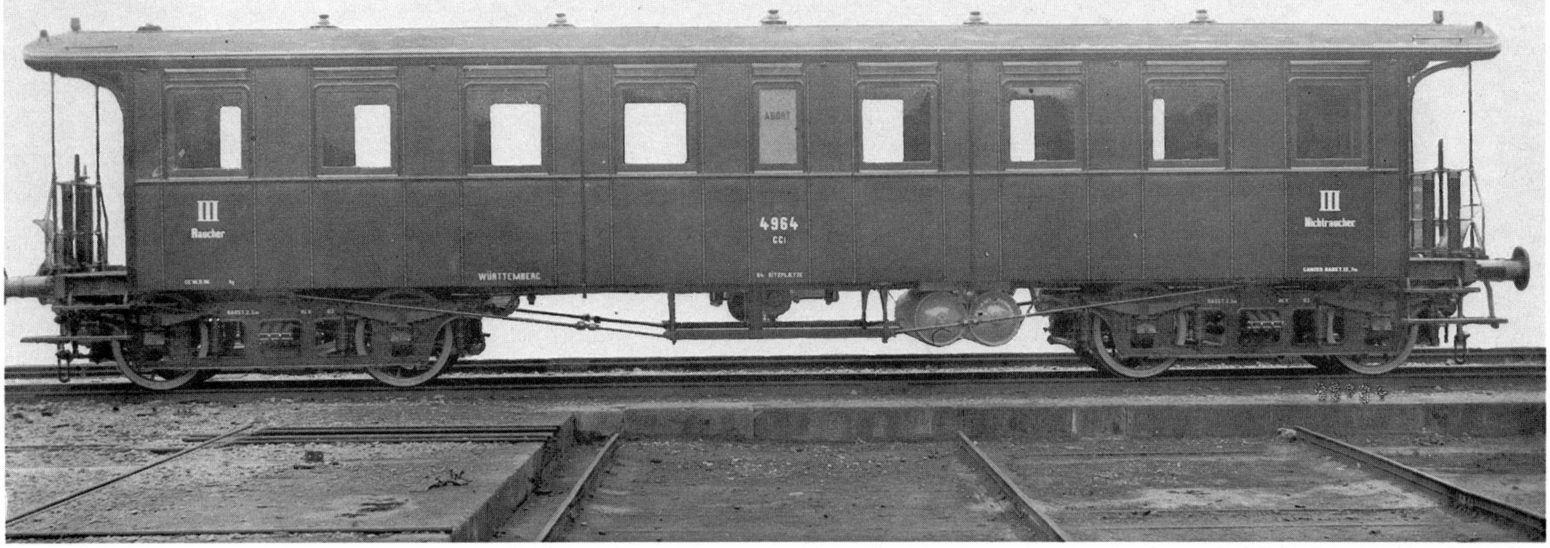

1901

Reisezugwagen Nr. 4964, Gattung CCi ▲

für die Königlich Württembergischen Staatseisenbahnen

Der damals rot gestrichene vierachsige Drehgestellwagen gehörte in die Beschaffungen der Nummernreihe 4901–4985 der Lieferjahre 1901–1906. Als 3.-Klasse-Fahrzeug hatte er 64 Sitzplätze, Dampfheizung, Gasbeleuchtung und Westinghouse-Druckluftbremse. Seine Hauptabmessungen sind gekennzeichnet mit einer Länge über Puffer von 15 920 mm, mit einem Drehzapfenabstand von 10 200 mm und einem Drehgestell-Radstand von 2 500 mm. Der an den Stirnseiten mit je einer offenen Plattform ausgestattete Reisezugwagen brachte ein Leergewicht von etwa 25,3 t auf die Waage.

1901

Vierachsiger Durchgangswagen Nr. 1804, Gattung ABBCCü

für die Königlich Württembergischen Staatseisenbahnen

Das ist ein im Jahr 1901 innerhalb der Lieferserie 1801 – 1840 gebauter Dreiklassen-Wagen mit 6 Sitzplätzen in der ersten, 12 Sitzplätzen in der zweiten und 36 Sitzplätzen in der dritten Klasse. Der formschöne, mit Fenstervorhängen ausgestattete Drehgestellwagen verließ die ME in grünem Anstrich.
In der Personenbeförderung war bei den württembergischen Staatsbahnen in vielen Wagen das Zwei- und Dreiklassensystem anzutreffen.
Ein ähnlicher Wagen derselben Gattung ist von der ME als „Jubiläumsfahrzeug" mit der Fabriknummer 10 000 geliefert worden. ▼

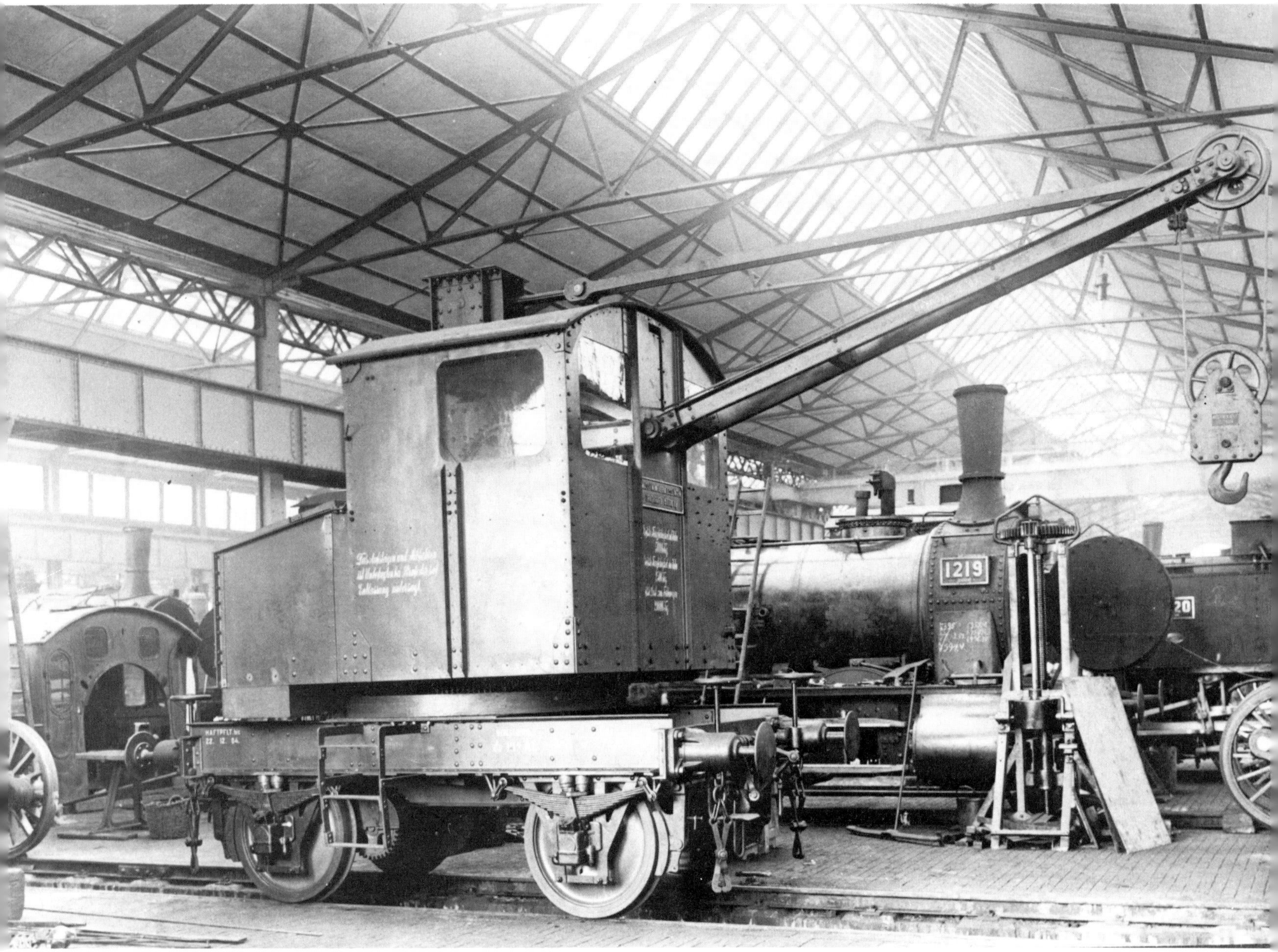

1902

Werkstätten-Kranwagen

im Eisenbahn-Ausbesserungswerk Dortmund

Kranwagen werden nicht nur für Bergungsarbeiten nach Unfällen oder für Brücken- und Gleisbauten, sondern auch im Werkstättendienst gebraucht.

Diesen zweiachsigen Kranwagen, im Dienst in der privaten Industrie und zeitweise im Eisenbahn-Ausbesserungswerk Dortmund, lieferte die Maschinenfabrik Esslingen im Jahr 1902. Er erhielt elektromotorischen Einachsantrieb, eine Drehkran-Ausstattung für 4,3 m Ausladung und ein ME-Hebegeschirr für 5000 kg Tragkraft. Das Eigengewicht des als sogenannter Werkstattwagen im Bestand geführten Kranwagens war mit 14,4 t verzeichnet.

Schon vor der Jahrhundertwende bot die Elektrotechnische Abteilung der ME als besondere Spezialitäten die elektrisch angetriebenen „Geleise-Drehkrane" und die eigens entwickelten „Waggonkranwagen" an. Die Lieferungen erfolgten laut damaligen Werbeschriften durch die Abteilung für Elektrotechnik, unterstützt durch die Abteilung für Brückenbau und Maschinenbau, „wodurch alle Teile in eigenen Werkstätten hergestellt werden". Hinweise auf die Werkstätten in Esslingen, Cannstatt und Saronno sowie auf die zahlreichen Referenzen verstärkten den Eindruck großer Leistungsfähigkeit.

Kranwagen sind auch nach Italien, beispielsweise 1888 an die damalige Soc. An. Ferrovie Nord Milano, geliefert worden.

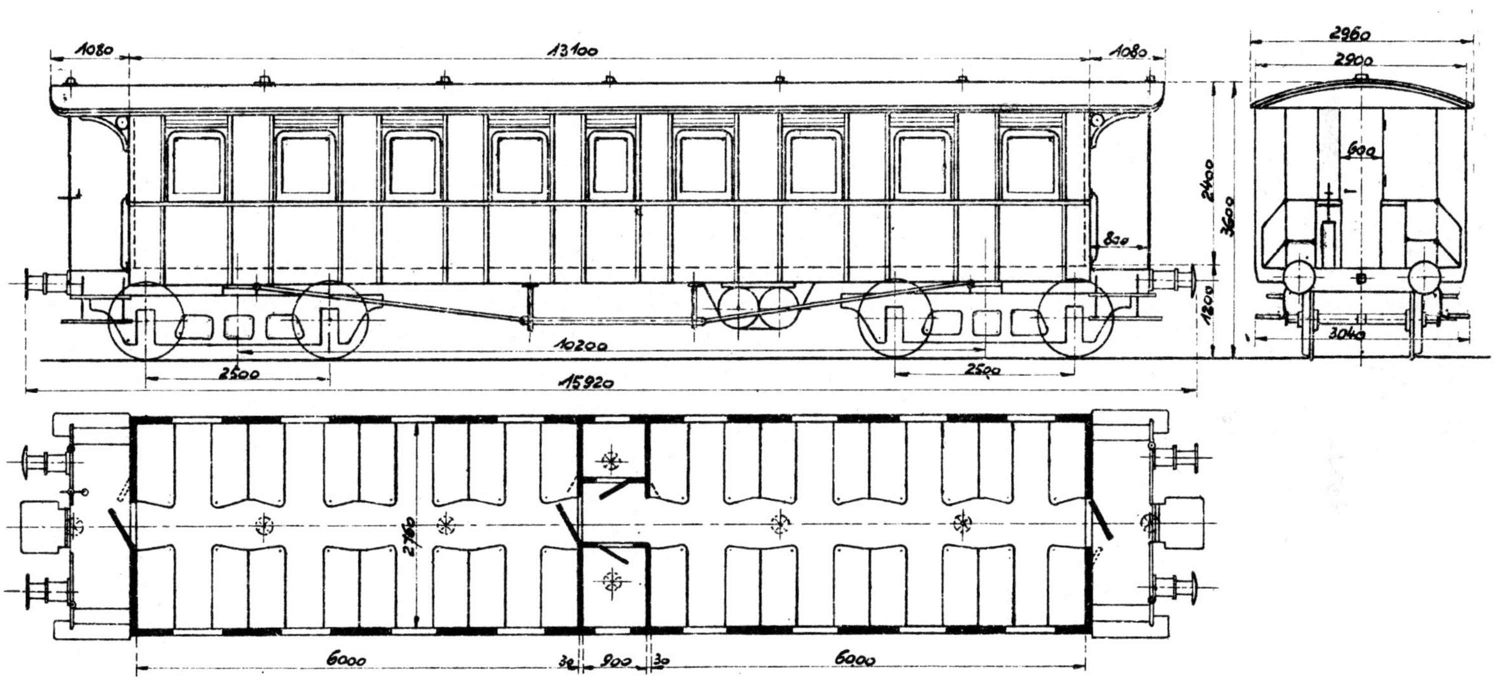

1906

Durchgangswagen, Gattung CCi (C4i)

für die Königlich Württembergischen Staatseisenbahnen

Die Maßzeichnung dieses in 85 Einheiten (Nrn. 4901–4985) gelieferten 3. Klasse-Wagens, Baujahre 1901 – 1906, macht uns mit der Charakteristik dieser Konstruktion vertraut:

Intercommunicationssystem mit Mittelgang, 64 Sitzplätze in zwei Großraumabteilen und Drehgestell-Laufwerk.
Das 25 360 kg schwere Fahrzeug hatte Dampfheizung, Gasbeleuchtung und Westinghouse-Bremse. Der Außenanstrich wurde mit „rot" angegeben.

1908

Offener Güterwagen mit Bremszahnrad

für die Benguela-Eisenbahn in Angola (Afrika)

Zahnradbahnfahrzeuge gehörten zu den Spezialitäten der Maschinenfabrik Esslingen. Sie wurden für deutsche und ausländische Bahnen entwickelt und gebaut. Hier ist ein solches Beispiel.

Dieser kapspurige Güterwagen hatte einen Bremserstand und auf jedem Radsatz ein Bremszahnrad zum Eingriff in den Leiterzahnstangen-Abschnitt der Benguela-Bahn.
Der Wagen hatte im übrigen ein stählernes Untergestell, einen hölzernen Niederbord-Aufbau und Mittelpufferkupplung.

1910

Zweiachsiger Bierwagen Nr. 600049 P ▲
für die Württembergisch Hohenzollernsche Brauerei-Gesellschaft, Englischer Garten Stuttgart

Die ME baute vor dem Ersten Weltkrieg mehrere zweiachsige Bierwagen für verschiedene Brauereibetriebe. Die Wagen mit 4200 mm Achsstand waren in der Regel weiß lackiert und bekamen dann ansprechende, dekorative Brauerei-Aufschriften.
Hier ist ein solches, 15 t Ladegewicht aufnehmendes prunkvolles Gefährt mit Trittbrettern und hochgesetztem Bremserhaus. Der für 15 750 kg Tragfähigkeit ausgelegte Spezialwagen war laut Anschrift in der „Station Stuttgart Hbf" beheimatet.

1910

Zweiachsiger Bierwagen Nr. 600085 P
für die Vereinigte Brauereien Stuttgart – Tübingen AG

Auch dieser schmucke Bierwagen, nach den technischen Regeln der damaligen gedeckten Güterwagen der Württembergischen Staatseisenbahnen entworfen, gehörte als Spezialfahrzeug zur „Station Stuttgart Hbf".
Die Hauptdaten sind: Radstand 4200 mm, Ladegewicht 15 000 kg, Tragfähigkeit 15 750 kg und Länge über Puffer 8880 mm.
Diese Art von Biertransportwagen mit Spindelbremse erhielt in der Regel noch eine Preßkohlenheizung. Die äußere Kastenbreite belief sich auf etwa 2800 mm. ▼

1910

Schmalspur-Personenwagen Nr. 33

für die Königlich Württembergischen Staatseisenbahnen

Um 1910/1911 begannen sich die Drehgestell-Reisezugwagen auch auf Schmalspurbahnen immer größerer Beliebtheit zu erfreuen. Viele dieser Wagen sind noch von der Reichsbahn übernommen worden. Im „Merkbuch für die Fahrzeuge der Reichsbahn" fand man den Hinweis auf die Drehgestell-Bauart „Stous-Sloot". Die mit nur 1100 mm Radstand bemessenen Drehgestelle besaßen unterhalb der Achslager angelenkte Blattfederbündel, deren Federbund am Drehgestellrahmen aufgehängt war. Die konkave Seite der Federblätter zeigte nach unten. –

Oft waren die Dimensionen der Wagenkästen so bemessen, daß durch problemlosen Umbau ein Umsetzen der Fahrzeuge von Meter- auf Dreiviertelmeter-Spur oder umgekehrt möglich gewesen wäre, wenn man von einer solchen Umspurung Gebrauch gemacht hätte. Die damaligen Konstruktionen entsprachen damit einer frühen Form des Austauschbaues für Schmalspurfahrzeuge.
Unser 4.-Klasse-Meterspurwagen mit 48 Sitzplätzen, 750 mm Raddurchmesser und 9,9 t Eigengewicht besaß eine Länge über Puffer von 10 970 mm und einen Drehzapfenabstand von 6040 mm.

1911

Schmalspur-Personenwagen Nr. 376
der Königlich Württembergischen Staatseisenbahnen

Die württembergischen Eisenbahnen bevorzugten das amerikanische Prinzip der „Intercommunicationswagen", das nicht nur den normalspurigen, sondern auch den schmalspurigen Reisezugbetrieb wesentlich mitbestimmte. Der Mittelgang und die beiden Stirnseiten-Plattformen fanden beim Publikum, aber auch beim Zugbegleitpersonal großen Anklang. Man konnte von einem Wagen zum anderen gehen und auch bequem die Toilette, damals allgemein Abort genannt, im Packwagen erreichen.
Der abgebildete, mit Vereins-Lenkachsen und 5 m Achsstand entwickelte Wagen trug die Nr. 376 und war bei 750 mm Spurweite für 32 Fahrgäste der 4. Klasse gedacht. Bei einer Länge über Puffer von 8430 mm betrug sein Eigengewicht 6,9 t.

Er gehörte zur Lieferserie der Bahnnummern 373 – 411, wurde jedoch mitunter dem Baujahr 1892 zugeordnet. Jedenfalls sind die beliebten Wagen dieser Gattung um 1922 sogar noch von der Reichsbahn bestellt worden. Sie waren als Wagen 3. Klasse im Reichsbahn-Merkbuch und Bestandsverzeichnis enthalten.

1911

Seilbahnwagen mit Lastenplattform
für die Bergbahn Augustusburg bei Erdmannsdorf in Sachsen

Die 1250 m lange Strecke der Augustusburg-Bahn bei Erdmannsdorf befuhr man bei elektrischem Seilantrieb mit einer mittleren Geschwindigkeit von 3 m/Sekunde und überwand auf Meterspur eine Höhendifferenz von 170 m.
Die wichtigsten Einrichtungen eines jeden Seilbahnwagens waren und sind unzweifelhaft die Brems- und Sicherheitsausrüstungen.

Obwohl bei Bahnen mit motorischem Seiltriebwerk die Geschwindigkeitsregelung und das Abbremsen in der stationären Kraft-Zentrale erfolgte, wurden in Europa keine Seilstandbahnen für die Personenbeförderung im öffentlichen Verkehr zugelassen, deren Wagen zusätzlich nicht noch zwei voneinander unabhängige Bremsen besaßen.

1912

Straßenbahn-Wagen Nr. 20

für die Städtische Straßenbahn Esslingen

Die Stuttgarter Straßenbahnen beteiligten sich auch am Aufbau der benachbarten Städtischen Straßenbahn Esslingen und übernahmen sogar deren Betrieb. Im Jahre 1912 wurden die meterspurigen Strecken von Obertürkheim nach Oberesslingen und, als Innerortslinie, vom Bahnhof Esslingen durch die Altstadt bis zur Neckarstraße eröffnet.

Einen der von der ME gebauten Straßenbahn-Anhängewagen mit hölzernen, halbhohen Seitenwänden, 18 Sitz- und 18 Stehplätzen sowie mit Fenstervorhängen sehen wir auf dem historischen Werkfoto.

1913

Seilbahnwagen Nrn. 1 und 2

für die Merkurbahn in Baden-Baden

Die alten Seilbahnwagen aus der Zeit vor dem ersten Weltkrieg baute man mit recht massiven stählernen Untergestellen und Holz-Aufbauten. Das entsprach dem damaligen Stand der Technik. Nur bei geringen Steigungen verzichteten die Konstrukteure auf die hier im Bild zu sehende, sonst typische Stufung des Wagenbodens mit treppenförmig angeordneten Fahrgast-Abteilen. Diese von der ME gelieferte meterspurige Wagengattung war für 54% Steigung der Merkur-Bahn mit elektrischem Antrieb bestimmt. Die Wagen erhielten eine Brems-Einrichtung in Zangen-Bauart, um unter die Keilschienenköpfe greifen und – im Ernstfalle – ein Aufklettern der Fahrzeuge verhindern zu können.

Andere von der ME, u. a. in Sao Paulo und Bahia (Brasilien) errichtete Standseilbahnen erhielten Streckenneigungen von 73 bis 78%. Ein in Esslingen für Bogotà (Kolumbien) ausgearbeitetes Projekt sah Steigungen bis zu 85% vor. Kurzstrecken anderer Hersteller sind sogar für 104% ausgeführt worden, was einem Neigungswinkel von knapp 47 Grad entsprach.
Die Merkurbahn ist in den Jahren 1977 und 1978 umgebaut und mit Hilfe der Firmen Von Roll AG (Bern), BBC und des Karosserie-Werkes Vetter (Fellbach bei Stuttgart) modernisiert und neu aufgebaut worden. Am 28. April 1979 fuhren die ersten Gäste mit einer Geschwindigkeit von 3 m/Sekunde wieder bergauf.

1

1914

Schmalspur-Durchgangswagen, Gattung CDi (Nr. 331) ▲

für die Königlich Württembergischen Staatseisenbahnen

Der schicke Drehgestell-Vierachser für Raucher und Nichtraucher der dritten und vierten Klasse fuhr auf 750-mm-Spur. Die Württembergischen Staatsbahnen beschafften ihn mit einer Länge über Puffer von 10 970 mm, mit einem Drehzapfenabstand von 6040 mm und mit 1100 mm Drehgestell-Achsstand.
Drei dieser Plattform-Wagen (Nrn. 331–333) mit je 16 Sitzplätzen 3. Klasse und 32 Sitzplätzen 4. Klasse standen im Dienst auf Württembergs idyllischen Schmalspurstrecken.

1915

Seilbahnwagen Nr. 2 ▶

für die Floibanen (Floi Railway) bei Bergen in Norwegen

Die erste Standseilbahn der Welt entstand im Jahre 1862 als städtische Verkehrsverbindung in Lyon. Sie hatte allerdings nur 489 m Streckenlänge und bescheidene 16 % Steigung. Erst allmählich setzten sich solche Transportmittel durch, so in Budapest (1870), Istanbul (1875) und Lausanne (1877).
Die Maschinenfabrik Esslingen begann mit ihren Lieferungen eigener Konstruktionen im Jahre 1885 nach Lissabon und nach Piovene in Italien.
Die in beträchtlicher Anzahl von verschiedenen Herstellern auf allen Erdteilen errichteten Seilstandbahnen dienten vorwiegend als Zubringer-, Werk-, Gletscher-, Ausflug- und als Wintersport-Bahnen.
Hier sehen wir einen von der ME gebauten Wagen für die mit 49 % Steigung angelegte Steilstrecke bei Bergen im norwegischen Gebirge. Der Wagen befindet sich gerade auf einer Zwischenstation vor der Ausweiche im Tunnel.
Die über vielen Seilbahnstrecken montierte elektrische Oberleitung diente in der Regel der Wagenbeleuchtung, gegebenenfalls der Türschließvorrichtung, der Heizung oder der Signalübertragung (soweit in der Frühzeit keine Funkgeräte zur Verfügung standen).

FIELDVEIEN ST.
2

1915

Schmalspur-Rollbock Nr. 81

für die Königlich Württembergischen Staatseisenbahnen

Noch vor dem ersten Weltkrieg ist diese verbesserte und für schmale Spuren (750 mm, 950 mm, 1000 mm) geeignete Rollbock-Konstruktion, System Langbein, in Esslingen entwickelt worden. Ein das kleine Fahrzeug verlängernder Nietrahmen nahm die Anlenkung des Kuppeleisens und die Befestigungen für Bremsluftbehälter und Bremszylinder der Westinghouse-Bremse auf.
Das Esslinger Fabrikschild befand sich in Fahrzeugmitte zwischen den beiden Bremsgehängeträgern.
Der Rollbock, mit dem auch der Esslinger Zweigbetrieb Costruzioni Meccaniche Saronno in Italien warb, hatte Schalenguß-Vollräder vom Krupp-Gruson-Werk, konnte Regelspurfahrzeuge mit 15 t Achsfahrmasse aufnehmen und wog selbst nur 1,35 t. Die abgebildete Ausführung war für 750-mm-Spur bestimmt.
Zahlreiche Rollböcke sind nach Auflösung der Länderbahnen von der Reichsbahn übernommen und auch nachbeschafft worden.
Die auf württembergischen Strecken verkehrenden 750-mm-Spur-Rollböcke entsprachen der Musterzeichnung Kl 750/T 328 und hatten 1100 mm Achsstand, 400 mm Raddurchmesser sowie ein Höhenmaß zwischen Oberkante Tragschemel und Schienenoberkante von 265 mm. Die Meterspur-Rollböcke sind nach Musterzeichnung Kl 1000/T 448 mit 1200 mm und 500 mm Raddurchmesser bei einer Tragschemelhöhe von 354 mm über SO gefertigt worden.

1916

Kesselwagen Nr. 504105 (Gattungsbezirk Oldenburg)
und andere für die Kaiserlich Deutsche Marine

Die Konstrukteure der Wagenbau-Industrie mußten auf die physikalischen und chemischen Eigenschaften des Ladegutes ganz besondere Rücksicht nehmen. Für flüssige Stoffe kamen in der Regel nur geschlossene Rundbehälter (Kessel) in Betracht. Es galt in vielen Fällen, das Transportgut vor Luft, Verunreinigungen und chemischen Veränderungen (Oxydation) zu schützen.
Spezielle Herstellungs- und Lieferbedingungen galten für die Behälterwagen zur Beförderung von beispielsweise Bleichlauge, Salz- und Essigsäure oder flüssigem Chlor.

Hier ist eine Kesselwagen-Serie der Maschinenfabrik Esslingen für die Kaiserlich Deutsche Marine. Als Ladegut waren Teer- und Erdöl vorgesehen. Die Wagen erhielten ein Ladegewicht von 16 500 kg bei einer Tragfähigkeit von 17 000 kg. Es waren Zweiachser mit Vereins-Lenkachsen.

1916

Badische Faßwagen Nrn. 503801 P und 503802 P ▲

für die Deutsch-Koloniale Gerb- und Farbstoff-Gesellschaft mbH in Karlsruhe

Die in Esslingen gebauten Faßwagen, eine Weltkriegsproduktion, erinnern an die Zeit deutscher Kolonien. Es waren als Privatwagen eingestufte Spezialfahrzeuge für Gerb- und Farbstoffe sowie für Ablaugen aus der Sulfit-Zellulose-Fabrikation. Als Ladegut waren deklariert „Säuren und Chemikalien". Die in Karlsruhe Hafen beheimateten Wagen hatten einen Radstand von 4200 mm, ein Ladegewicht von 16 500 kg und eine Tragfähigkeit von 17 000 kg. Alle mit Spannbändern befestigten Fässer ruhten auf einem genieteten Untergestell mit Vereins-Lenkachsen.

1916

Viehtransportwagen M 28054

für die Chemins de fer de l'Etat Serbe (CES)

Dieses zweiachsige Viehtransportfahrzeug hatte nur 4000 mm Achsstand. Es wurde für 15 t Ladegewicht ausgelegt.
Der Regelspur-Viehwagen ist zweigeschossig unterteilt und enthält mehrere mit „A" bis „F" bezeichnete Ladeflächen. Das beispielsweise für den Schweine- oder Schaftransport geeignete Fahrzeug erhielt Leitungskupplungen für die durchgehende Güterzugbremse, besitzt selbst aber keine Druckluft-Bremsausrüstung. ▼

1917

Vierachsiger Hochbord- und Rungenwagen Nr. 5200
für Feld- und Militärbahnen

Dieses in größeren Stückzahlen produzierte, für 600 mm und 750 mm Spurweite geeignete Drehgestellfahrzeug hatte bei einem Eigengewicht von 2355 kg eine zulässige Lademasse von 5000 kg. Die austauschbaren, robusten Drehgestelle wogen zweimal 615 = 1230 kg. Das Gewicht des Brückenrahmens einschließlich Rungen war mit 728 kg genannt, das Gewicht der abnehmbaren Seitenwände mit zweimal 153 = 306 kg angeschrieben. Damit hatte man im rauhen Feldbahn- und Heeresdienst die wichtigsten Wagen-Anschriften, die man für die vielseitigen Einsätze und Wagen-Umrüstungen brauchte. Ergänzend kamen hinzu die Daten mit der Nennung des „Lade-Inhaltes" von 5,6 m^3 und der Bodenfläche von 8 m^2.

Diese Vierachser erhielten Mittelpuffer, Kettenkupplungen und eine Handspindel-Klotzbremse, einseitig auf alle vier Radsätze wirkend. Einen gewissen Bekanntheitsgrad erlangten solche Schmalspur-Güterwagen durch die Verwendung bei den Eisenbahn-Brigaden des ersten Weltkrieges.

1919

3. Klasse-Reisezugwagen Nr. 901048

für die Chemins de fer de l'Etat Serbe (CES)

Im April 1930 gab das jugoslawische Verkehrsministerium eine Anfrage an die deutsche Waggon-Industrie heraus, wonach man für rund 10 Millionen Reichsmark auf Reparationskonto eine große Anzahl von Eisenbahnwagen in Deutschland bestellen würde. Der deutschen Gruppe des Internationalen Waggonkartells ist dann ein Jahr später tatsächlich ein Auftrag von allerdings nur 33 Schnellzugwagen im Gesamtwert von enttäuschenden 2,8 Millionen RM zugegangen.
Dieser Vorgang verdeutlicht die wenig rosige Situation und die Exportschwierigkeiten des Waggongeschäftes. Trotzdem gelang es verschiedentlich, Neubau-Aufträge für einige, unter den Kriegsfolgen leidende Länder hereinzubekommen.

Unser Foto-Beispiel zeigt einen um 1919 exportierten vierachsigen Reisezugwagen mit Schwanenhalsträger-Drehgestellen für die Serbischen Staatsbahnen. Der mit 13 000 mm Drehzapfenabstand konstruierte Wagen stammte aus Esslingen und trug noch die Eigentums-Initialen CES. Die jugoslawischen Staatsbahnen (JZ) wurden erst 1929 gegründet. Einer internen Notiz zufolge ist der Wagen jedoch dann in Bulgarien eingesetzt worden.

1919

Durchgangswagen Nr. 4659, Gattung BCi
für die Württembergischen Staatseisenbahnen

Der für die zweite und dritte Klasse eingerichtete Zweiachser (Radstand 8500 mm) gehörte der Nummernserie 4651–4660 an. Die ersten Lieferungen begannen jedoch schon 1908 mit der Wagennummer 4601.

Die ursprünglich roten BCi-Fahrzeuge hatten bei 13 600 mm Länge über Puffer 16 + 28 = 44 Sitzplätze.
Zwei offene Plattformen, Mittelgang und 1000 mm Raddurchmesser waren die weiteren Merkmale dieser Durchgangswagen, die in den Bestand der Deutschen Reichsbahn übergingen.

1920

Württembergische Kesselwagen Nrn. 502546 P und 502547 P

für Johann Martin Wizemann, Obertürkheim

Die als Privatwagen in den württembergischen Rollmaterial-Bestand eingereihten genieteten Kesselwagen waren zum Transport pflanzlicher Fette (Öle) bestimmt.
Als Spezialwagen mit Vereins-Lenkachsen sind sie der „Heimatstation Obertürkheim" zugeordnet worden.

Jeder mit geschlossenem Bremserstand ausgerüstete, 11 850 kg schwere Wagen wies ein Ladegewicht von 15 300 kg und eine Tragfähigkeit von 16 100 kg auf.
Die Meterlast bei Ausnutzung der Tragfähigkeit (Eigengewicht und Tragfähigkeit auf 1 m Wagenlänge einschließlich Puffer) war mit 3,2 t/m angeschrieben.

Abb. 2.

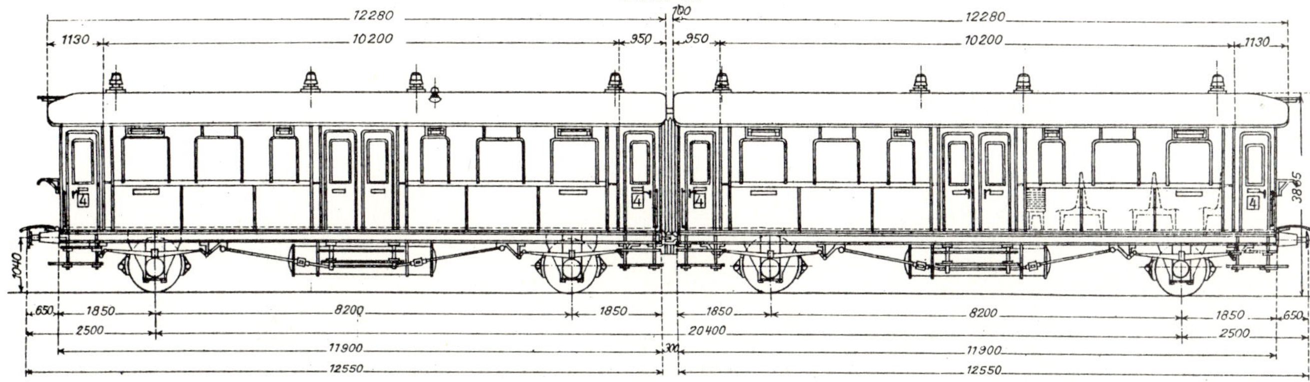

Abb. 3.

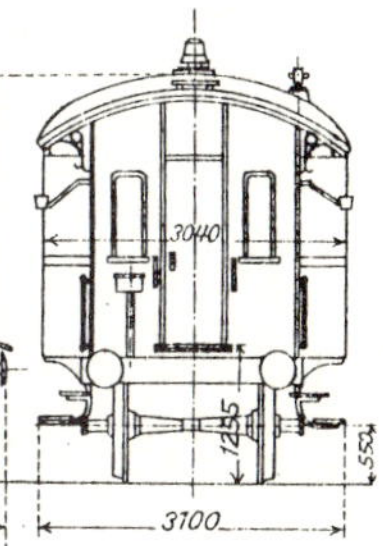

Abb. 4.

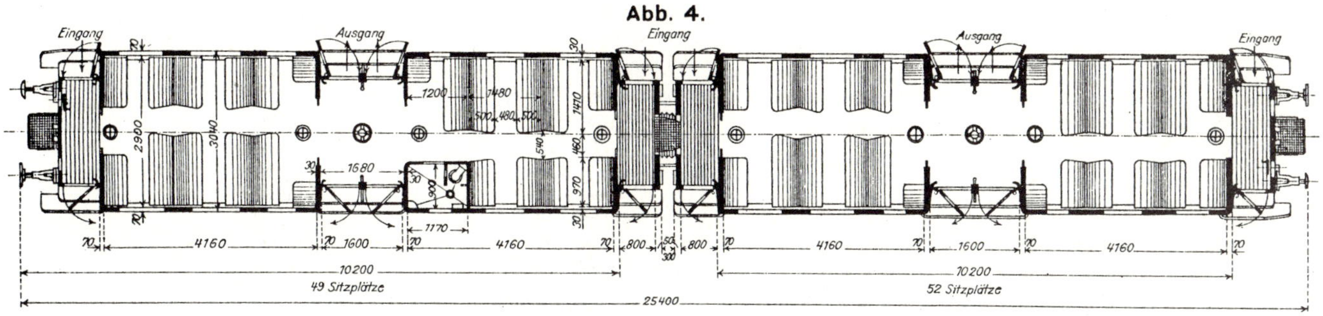

1920

Kurzgekuppelte Durchgangswagen Nrn. 10009/10010, Gattung Ci + Ci

für die Deutsche Reichsbahn

Die Deutsche Reichsbahn beschaffte 360 noch nach Konzeption der Württembergischen Staatsbahn gebaute Vorortzug-Wagen, deren erste im Februar 1920 in Betrieb genommen wurden. Jene Wagen sind unter der Regie von Eugen Kittel entworfen und fast ausnahmslos von der Maschinenfabrik Esslingen, die auch die Konstruktionszeichnungen aufstellte, gebaut worden.
Einen dieser Wagen zeigte die Maschinenfabrik Esslingen auf der Eisenbahntechnischen Ausstellung 1924 in Seddin.
Für die Vorortzüge kamen nur zwei Klassen, eine Holz- und eine Polsterklasse, in Betracht. Die Doppelwagen der Holzklasse mit Faltenbalg, aber ohne Zwischentür über der Kurzkupplung erhielten 101 Sitzplätze und Gasbeleuchtung (später elektrisches Licht). Die Doppelwagen der Polsterklasse hatten 76 Sitzplätze und eine Zwischentür, weil man bei Doppelwagen-Kombination von Holz- und Polsterklasse eine Trennung herbeiführen wollte.
Ansonsten waren die Wagen beider Klassen baugleich. Bemerkenswert erscheint der damals vorgesehene „Fahrgastfluß": Die bahnsteigseitigen Endtüren waren nur zum Einsteigen, die Mitteltüren aber nur zum Aussteigen gekennzeichnet. Dabei hieß es allerdings in den amtlichen Wagenbeschreibungen: „Bei schwachem Verkehr und auf den Anfangs- und Endstationen spielt die hiergegen verstoßende Benutzung keine Rolle."

1921

Durchgangswagen Nr. 6517, Gattung Ci
für die Deutsche Reichsbahn

64 Sitzplätze sind in diesem Dritter-Klasse-Wagen vorhanden. Er gehörte der Nummernserie 6511–6574 an und wurde noch nach den Gepflogenheiten der Königlich Württembergischen Staatseisenbahnen konstruiert.

Es handelt sich wiederum um eine Lieferung der Maschinenfabrik Esslingen. Die Wagen hatten im Neubauzustand noch Gasbeleuchtung mit Hell-Dunkel-Einstellung.
Der Serienbau von zweiachsigen württembergischen Durchgangswagen begann schon 1899, damals allerdings noch mit nur 8000 mm Achsstand. Typisch war das beim damaligen Stand der Technik noch notwendige Sprengwerk für das Untergestell.

1922

Offener Werkbahn-Güterwagen Nr. 5539

für die Gutehoffnungshütte

Es ist ein zweiachsiger Güterwagen, der von der Reihe klassischer Regelbauarten durch einen auf vier Meter verkürzten Achsstand, durch recht niedrige Bordwände und das Fehlen der Druckluft-Bremsausrüstung abweicht.
Es handelt sich um einen Werkbahnwagen, der für seine schlichte Konstruktion eine beachtlich große Tragfähigkeit von 26 250 kg (Ladegewicht 25 000 kg) aufweist.
Das leere Fahrzeug wog 8410 kg. Die Gleit-Achslager stammten aus den Huth'schen Eisen- und Stahlwerken in Gevelsberg, einem damals bekannten Waggonbau-Zuliefer-Unternehmen, das sich auf Achsbuchsen und Waggon-Beschläge spezialisiert hatte.

1923

Geflügel-Transportwagen

für den Verkehr auf italienischen, serbischen und ungarischen Staatsbahnen

Wagen für die Beförderung von Geflügel wurden schon vor dem ersten Weltkrieg auf den Bahnen verschiedener Länder erprobt. Die Wagen dienten dem Transport von „lebendem Federvieh jeglicher Art". Manche der Wagen erhielten durchgehende Heizleitungen, um sie auch in Eilzügen mitfahren zu lassen.
Der hölzerne Wagenkasten besaß ein Oberlichtdach, das in gleicher Weise wie die Längswände jalousieartig ausgebildet war und die erforderliche Lüftung gewährleistete. Um die zur Beförderung bestimmten Tiere während der Fahrt vor zu starkem Luftzug und Regen zu schützen, wurden in den Stirnwänden an Stelle der Jalousien nur schmale, mit Schutzhauben versehene, schlitzartige Öffnungen vorgesehen.
Die Tiere wurden jeweils in 136 Käfigen pro Wagen untergebracht. Die Einstiegtüren ermöglichten dem Personal ein Füttern und Tränken der Tiere während der Reise. Die Käfige wurden mit herausziehbaren Kotkästen ausgerüstet. Die Inneneinrichtung ist in der Regel aus verzinkten Stahlstäben und verzinktem Blech hergestellt worden.
Weil sich der Geflügeltransport meist nicht auf das ganze Jahr erstreckte, verwendete man diese Wagen auch für anderes Ladegut. Nach Entfernen der Käfig-Gestelle konnte man die Wagen auch zur Beförderung von Obst und Gemüse einsetzen.
Erbauer solcher mit Bremserhaus oder mit offenem Bremserstand ausgerüsteten Spezialwagen waren vor allem die Maschinenfabrik Esslingen und die Hannoversche Waggonfabrik AG, Hannover-Linden. Zu den Empfängern gehörten italienische Bahnen, die Serbische Staats-Bahn (SHS) und die Ungarische Staatsbahn (M.A.V.).
Ein solcher Wagen ist übrigens auf der Eisenbahntechnischen Ausstellung in Seddin 1924 vorgestellt worden.

1924

Gepäcktriebwagen Nr. 124 für die Postbeförderung
im Streckennetz der Stuttgarter Straßenbahnen

Im Jahre 1924 begannen die Stuttgarter Straßenbahnen mit der Paketbeförderung für die Deutsche Reichspost. Aufgabe war, die Ladungen vom Paketbahnhof Rosenstein zu übernehmen und auf die verschiedenen Postämter zu verteilen.
Dafür sind besondere, mit speziellen Laderäumen und Rollenstromabnehmern ausgerüstete Triebwagen und Anhänger beschafft worden. Der Radstand des Motorwagens betrug nur 2400 mm. Die Wagenhöhe bis zum Dachscheitel belief sich auf 3820 mm.

Für das Jahr 1927 besagte die Statistik der Straßenbahnverwaltung, daß mit drei Posttriebwagen und 12 Postanhängewagen insgesamt 96 700 Wagenkilometer für die Post zurückgelegt worden sind. Die Fahrzeuge verkehrten unter der Regie der Oberpost-Direktion Stuttgart. Es wurden Einsetzer in Form vereinheitlichter Handkarren mit einer Bodenfläche von 1,82 × 1,05 m für jeweils etwa 60 bis 70 mittlere Pakete verladen. Der Wagen konnte 5 Karren im Unter- und drei Karren im Obergeschoß aufnehmen. Dafür war ein elektromotorisches Hubwerk eingebaut.
Die in Stuttgart gewonnenen guten Erfahrungen mit dieser Art des Behälterverkehrs veranlaßten auch den Straßenbahn-Postbetrieb in München, ein ähnliches Verfahren einzuführen.

1924

Reichspostwagen Nr. 9 für die Paketbeförderung
im Streckennetz der Stuttgarter Straßenbahnen

Der mit genietetem Unterrahmen entwickelte, kleinrädrige Postwagen ist in zwölf Einheiten als Beiwagen für die Reichspost-Gepäcktriebwagen im meterspurigen Schienennetz der Stuttgarter Straßenbahnen eingesetzt worden. Die in Esslingen hergestellten Wagen erhielten 3000 mm Radstand.
Nach Mitteilung der Stuttgarter Straßenbahnen ist die Postbeförderung mit solchen Spezialwagen bis zum Jahre 1950 aufrecht erhalten worden.

1924

Straßenbahn-Triebwagen Nr. 399

für die Stuttgarter Straßenbahnen

Der 8050 mm lange Wagen stammt aus einer Lieferserie der Betriebsnrn. 396–415 mit einer elektrischen Ausrüstung von der AEG. Mit hölzernem Kastenaufbau wog das Fahrzeug leer 11,3 t. Der meterspurige Triebwagen besaß 18 Sitzplätze in Queranordnung und 44 Stehplätze.

Das genietete Untergestell hatte Radsätze mit 800 m Durchmesser und einen Achsstand von 2000 mm.

Die Straßenbahn-Triebwagen der Stuttgarter Verwaltung waren von Anfang an mit Rollenstromabnehmern ausgerüstet. Das waren durch Federn an den Fahrdraht gepreßte Stangen (wie hier im Bild) mit aus Bronze hergestellter Kontaktrolle. Der damals erforderlichen Stromabnahme in der Größenordnung von 400 Ampère genügten sie vollauf, bis mit Aufkommen und Verbreitung des Rundfunks die bekannten, durch Kontaktabrisse entstehenden Störungen auftraten. Man half sich zunächst durch den Einbau von Drosselspulen und einen versuchsweisen Scherenstromabnehmer-Betrieb. Erst im Jahre 1955 war die Umrüstung auf Scherenstromabnehmer abgeschlossen.

1924

Isolierter Bierwagen, Nr. 518 792 P (Gattungsbezirk München)

für Hackerbräu München

Der zweiachsige isolierte, als Privatwagen im Fahrzeugpark der Deutschen Reichsbahn geführte Bierwagen fuhr auf Vereins-Lenkachsen mit Wittmann-Achslagern und 4500 mm Achsstand.
Bei 14 940 kg Eigengewicht konnte der Wagen ein Ladegewicht von 15 000 kg (Tragfähigkeit 15 750 kg) aufnehmen. Eine durchgehende Dampfleitung sowie die Druckluftbremse der Bauart Kunze-Knorr (G) sind die weiteren Merkmale dieses Spezialfahrzeugs, dem München Hbf als Heimatbahnhof zugeordnet wurde.
Als einfaches Kühlverfahren für die Bierladung diente in solchen isolierten Fahrzeugen (mit Dachlüftung) Wassereis oder Trockeneis.

1925

Vierachsiger Schüttgutwagen

für die Werkbahn der Gutehoffnungshütte

Der mit Druckluftbremse ausgerüstete Großgüterwagen erhielt einen trichterförmig ausgebildeten Laderaum. Damit war es möglich, das Schüttgut (Erz, Kohle) wahlweise nach links oder nach rechts restlos zu entladen. Der stählerne Aufbau war durch 3 Quersättel in vier Kammern unterteilt.
Die Abrutschbleche ließen die Drehgestelle frei, so daß die Achslager, Tragfedern und deren Aufhängungen bequem zugänglich blieben. Der in Nietkonstruktion entwickelte Wagen wog leer etwa 26 t. Er hatte ein Ladegewicht von 50 000 kg (Tragfähigkeit 52 500 kg) bei 9300 mm Gesamtachsstand und 1800 mm Drehgestell-Radstand.

1925

Zweiachsiger Motorwagen F 32 ▲

der Filderbahn-Gesellschaft, Stuttgart

Am 14. Juli 1884 trug man die Filderbahn-Gesellschaft ins Handelsregister ein. Emil Kessler von der Maschinenfabrik Esslingen wurde zum Aufsichtsratsvorsitzenden gewählt.
Hier ist der zweiachsige Motorwagen F 32 (im Bild fabrikneu noch ohne Stromabnehmer), den die Maschinenfabrik Esslingen im Rahmen einer Lieferserie (F 31 – 35) im Jahre 1925 fertigstellte. Das meterspurige Fahrzeug besaß einen aus Profilstahl bestehenden Untergestellrahmen und Holzaufbauten für 18 bis 20 Quer- und Längssitze sowie 26 Stehplätze.
Die Wagen hatten AEG-Motoren, 2300 mm Achsstand und 850 mm Raddurchmesser. Die weiteren Hauptdaten waren: Fahrgastraumlänge 4900 mm, Wagenbreite 2100 mm, Fahrzeughöhe 3375 mm, Gesamtlänge 8700 mm.

1925

Zweiachsiger Personenwagen F 53

der Filderbahn-Gesellschaft, Stuttgart

Die von der ME gebauten Filderbahnwagen F 51 – 58 stimmten in den äußeren Dimensionen und in der Platzzahl mit den Motorwagen überein. Die Fahrzeughöhe wurde jedoch mit 3280 mm und der Raddurchmesser mit nur 770 mm genannt.
In einem Kaufvertrag, der am 8. Dezember 1934 unterschrieben worden ist, vereinbarten die Partner die Übereignung der Filderbahn und der Straßenbahn Feuerbach – Weilimdorf – Gerlingen an die Stuttgarter Straßenbahnen. Auch der abgebildete Wagen ging an die neue Eigentümerin.
Die Filderbahn-Fahrzeuge erhielten aber schon 1925 die gelbschwarze Lackierung der Stuttgarter Straßenbahnen. ▼

1926

Motorwagen Nr. 2 mit Beiwagen Nrn. 9 und 10
für die Straßenbahn Esslingen – Nellingen – Denkendorf GmbH (END)

An der 1925 gegründeten Überland-Straßenbahn Esslingen – Nellingen – Denkendorf beteiligten sich auch die Stuttgarter Straßenbahnen, die die Betriebsführung der END übernahmen.
Nach jahrzehntelangen Bemühungen erhielt damit der Ostfilderraum, ein Landstrich auf fruchtbarer Hochfläche, Anschluß an die Schiene. Ein paar Jahre später, am 21. September 1929, wurden auch die Fildergemeinden Scharnhausen und Neuhausen an die END angeschlossen.
Unser Foto präsentiert uns einen fabrikneuen und übergabebereiten Meterspur-Zug auf dem Werkhof der Maschinenfabrik Esslingen im Jahre 1926 mit dem 13 m langen Triebwagen Nr. 2 und den beiden 11 m langen Anhängern Nrn. 9 und 10, die später umgenummert worden sind.
Der Motorwagen war für 44 Sitz- und 71 Stehplätze, die Beiwagen wurden für je 28 Sitz- und 24 Stehplätze bemessen.

1926

Mit quergestelltem Motor:

Zweiachsige Diesel-Triebwagen Nrn. 805 und 806

für die Deutsche Reichsbahn-Gesellschaft

Im Auftrag des Reichsbahn-Zentralamtes Berlin entwickelte und baute die ME diese Motortriebwagen (Fabriknummern 17 495/17 496), deren Bestellung im November 1925 einging und die in den Auftragbüchern mit der internen Bestellnummer 271 775 geführt wurden. Die Fertigung beider Fahrzeuge begann 1926, so daß sie 1927 in Dienst gestellt werden konnten. Damals rechnete man mit einer zulässigen Achslast von etwa 14 t und einer Motorenleistung von 75 PS (bei 1100 U/min) sowie 90 PS (bei 1250 U/min). Der hierfür verwendete kompressorlose Viertakt-Dieselmotor kam von der MAN. Das vierstufige Zahnrad-Wechselgetriebe und der Motor waren quer zur Fahrtrichtung angeordnet, wobei die höchste Motordrehzahl in der vierten Getriebestufe einer größten Fahrgeschwindigkeit von knapp 60 km/h entsprach. Der mit Einachsantrieb konzipierte A1-Triebwagen hatte als freie Lenkachsen ausgebildete Radsätze mit 1000 mm Laufkreisdurchmesser.
Der stählerne Wagenkasten wog 18,8 t. Für Motor und Getriebe

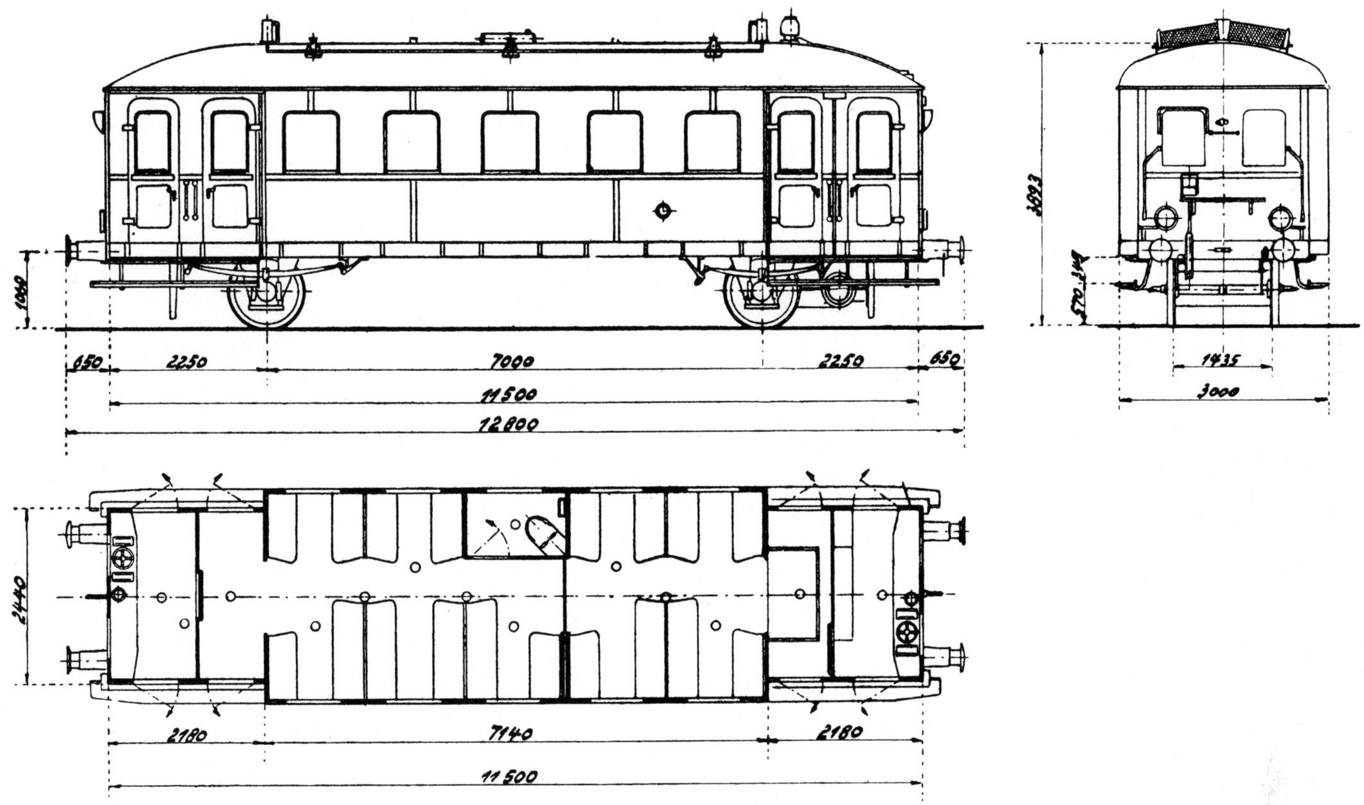

waren 3,2t angesetzt, für Kühlung, Beleuchtung, Bosch-Anlasser, Steuerung und Bremsluft-Kompressor insgesamt 1,0 t. Damit ergab sich ein Fahrzeug-Leergewicht von 23,0 t.
Es waren 24 Sitzplätze im Raucher- und 18 im Nichtraucherabteil sowie 28 Stehplätze in den Einstiegräumen vorgesehen. Das Dienstgewicht eines vollbesetzten Wagens lag demzufolge bei etwa 28,5 t. Der Kraftstoffbehälter faßte 240 Liter. Den stündlichen Brennstoffverbrauch bei Normallast von 75 PS nannten die Betriebsleute mit etwa 15,5 kg.

Die beiden Triebwagen befanden sich im Dienst beim Bahnbetriebswerk Tübingen, wurden dann in den dreißiger Jahren zu Fahrleistungsprüfwagen umgebaut und im Raum Halle/Leipzig eingesetzt.
Einen nahezu baugleichen Personen-Triebwagen lieferte die ME im Jahre 1927 nach Budapest. Im Jahre 1936 beteiligte sich die ME auch am Bau der Reichsbahn-Einheitstriebwagen und fertigte die Triebwagen 135 088-094 sowie 135 111-115.

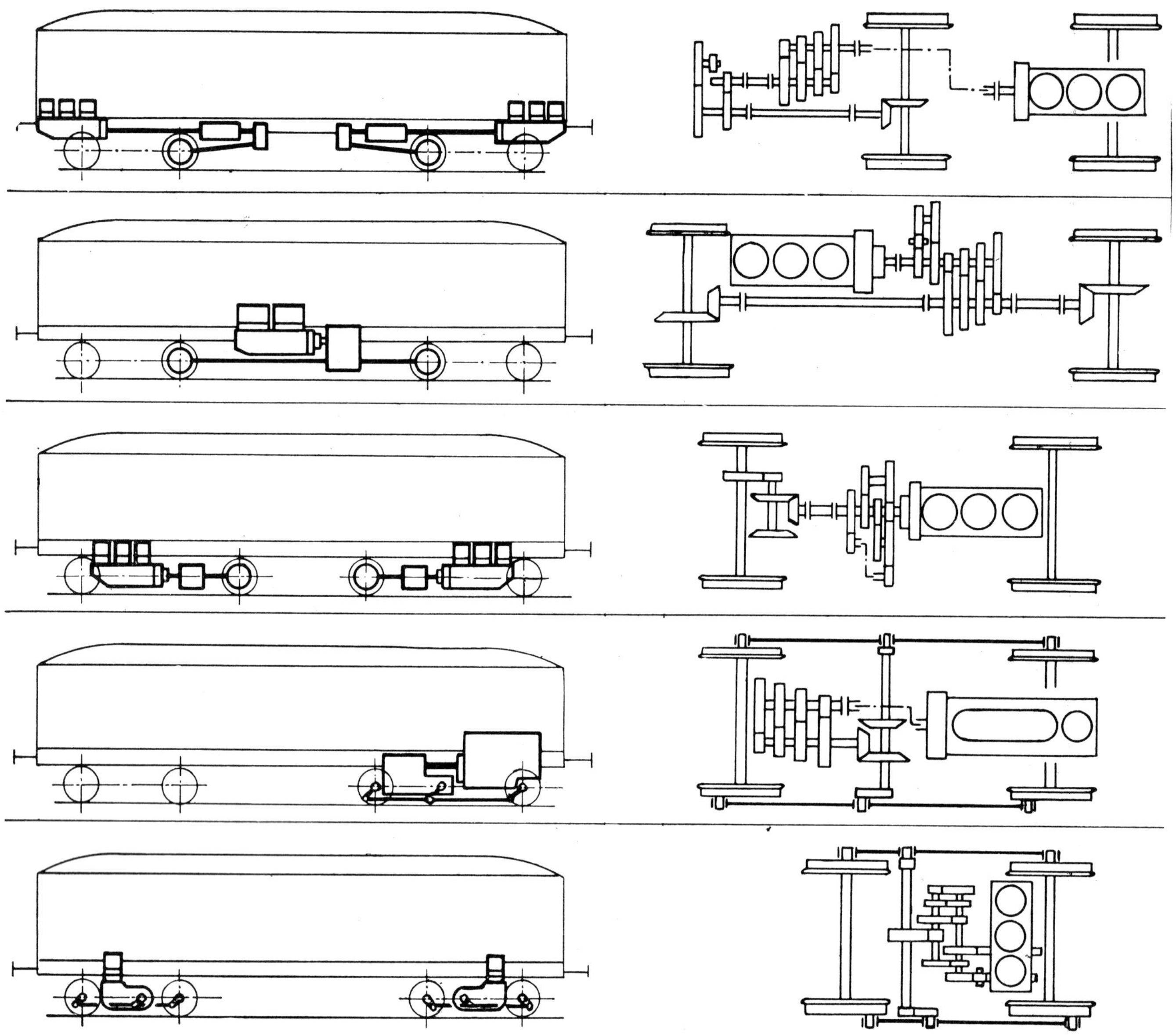

1927

Antriebssysteme für Triebwagen

mit Verbrennungsmotoren

Die Maschinenfabrik Esslingen beschäftigte sich in den zwanziger Jahren intensiv mit verbrennungsmotorisch angetriebenen Schienenfahrzeugen, die damals dringender konstruktiver Lösungen bedurften. Es ging dabei nicht nur um geeignete schnellaufende Dieselmotoren, sondern vor allem auch um die Art der günstigen Leistungsübertragung, wobei zunächst das mechanische Stufenrädergetriebe und die Strömungskupplungen als die zuverlässigsten und robustesten Übertragungsorgane bevorzugt wurden.

Unser Schema zeigt einige der Alternativ-Prinzipien der in jener Zeit in den Esslinger Konstruktionsbüros am meisten diskutierten Triebwagen-Antriebe. Sowohl die Kardanwellen-Übertragung als auch das Kuppelstangentriebwerk, aber auch spezielle Unterflurantriebe ohne Kuppelstangen standen sich als Alternativ-Lösungen gegenüber.

1927

Vierachsige Bahnpostwagen Nrn. 7535 und 7536 (Gattung 4ü-b/20)

für die Deutsche Reichspost

Etwa von 1925 an kamen die Reichspostwagen mit 20 m Länge in den Bahndienst. Hier haben wir zwei solche in Esslingen gebaute Zwanzigmeterwagen in Nietbauweise mit Oberlichtaufbau und Faltenbalgübergängen.

Diese Bahnpostwagen mit 13 890 mm Drehzapfenabstand und 2150 mm Drehgestellradstand hatten ein angeschriebenes Ladegewicht von 14 700 kg und eine Tragfähigkeit von 15 500 kg. Sie wurden im Schnellzugdienst, aber auch in eigenen Postzügen eingesetzt.

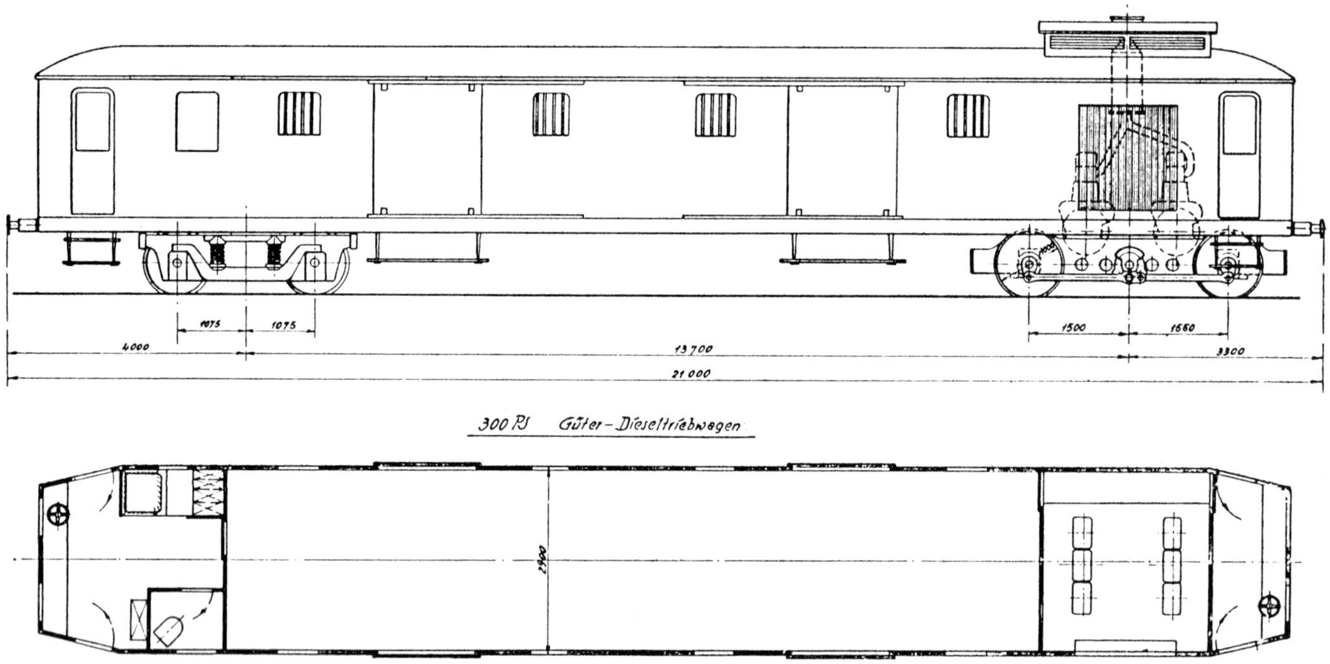

1927

Vierachsiger Güter-Triebwagen

Projekt für Regelspurbahnen

Das Esslinger Triebwagen-Projekt stammt aus einer eigens entwikkelten Typenreihe vierachsiger B '2'-Motortriebwagen mit zwei querstehenden MAN-Dieselmotoren, die zweimal 150 = 300 PS bei 1000 U/min leisteten. Zur geplanten Antriebsausrüstung gehörten außerdem ein mechanisches Stufengetriebe mit Blindwelle und Kuppelstangen sowie elektrische Bosch-Anlasser.

Güter- und Post-Triebwagen erschienen in jenen zwanziger Jahren nicht nur auf den Schienennetzen mancher Straßenbahnen, sondern verschiedentlich auch im Vollbahnbetrieb, besonders in den USA. Die Deutsche Reichsbahn disponierte noch vorsichtig und empfahl zunächst den Einsatz von Triebwagen für den Güterverkehr in geeigneten Verkehrsbeziehungen, um vor allem auch im Wettbewerb mit dem Lastkraftwagen in der Stückgutbeförderung bestehen zu können. Man dachte dabei an Gütertriebwagenzüge mit Motorwagen und Anhänger von zusammen 200 m³ Laderaum und 45 t Ladegewicht. Zu großartigen Bestellungen kam es jedoch nicht. Einen der wenigen Stückgut-Gütertriebwagen für die Reichsbahn, sehr ähnlich dem ME-Projekt, baute die Waggonfabrik Wismar der Eisenbahn-Verkehrsmittel AG Berlin. Das B '2'-Triebwagenfahrzeug hatte ebenfalls Kuppelstangenantrieb und wies das gleiche Erscheinungsbild auf wie die Esslinger Projektstudie.

Eine größere Vielfalt von Gütertriebwagen, vorwiegend für Schütt- und Massengut, machten sich die Schwer-Industrie und der Kohlebergbau zunutze.

1928

Triebwagen Mx-401 und 402

für die Eisenbahnen der Sowjetunion (CCCP)

Für die Eisenbahnen der Sowjetunion und ihre Vorgänger-Verwaltungen, die bereits zahlreiche Wagen und Lokomotiven in Esslingen bestellt hatten, wurden 1928 die beiden abgeblideten breitspurigen Diesel-Triebwagen gebaut. Als ihre Vorzüge galten bei Einmann-Bedienung vor allem die problemlose Verwendung im Vorort- und Ausflugverkehr sowie im Zubringerdienst zu Schnell- und Eilzügen. Die sofortige Betriebsbereitschaft und ein in ihrer Zeit mit 25 bis 27% angegebener Wirkungsgrad (vom Kraftstoff bis zum Radumfang) machten diese Fahrzeuge zu einem bedeutenden betriebswirtschaftlichen Faktor.

Die Bahnen der UdSSR hatten auch an den Einsatz in Gegenden mit schwieriger Wasserbeschaffung und ungeeignetem Lokomotivspeisewasser gedacht, wo Dampfbetrieb nur mit hohem Aufwand möglich war.

Die 20 Meter langen Triebwagen hatten je 90 Sitzplätze und 56 t Dienstmasse. Das zweiachsige Triebgestell mit einem 150/165-PS-Dieselmotor, Schaltgetriebe und Stangenantrieb entsprach einer in Esslingen entwickelten Einheitsbauart, die mit MAN-Motoren verschiedener Leistungsklassen auch für andere typisierte Motorwagen in Betracht kamen.

Die genieteten stählernen Wagenkästen hatten Dachkühler und Innenräume mit Warmwasserheizkörpern, die vom warmen Motorkühlwasser beaufschlagt wurden. Zum Anheizen sowie zum Vorwärmen und zur Unterstützung der Heizwirkung bei außergewöhnlicher Kälte diente ein ölgefeuerter Warmwasser-Heizkessel. Ein Bosch-Generator und -Motor sorgten für das Laden der Akkumulatorenbatterie, für die elektrische Beleuchtung und das Anlassen der Dieselmaschine.

Unser Werkfoto zeigt die beiden versandfertigen B '2'-Triebwagen auf normalspurigen Transportgestellen in Esslingen-Mettingen. Der angehängte vierachsige Plattformwagen beförderte die Breitspur-Radsätze und Zubehörteile.

1928

Aus der Straßenbahnwagen-Produktion

Blick in eine der Fertigungshallen des Waggonbaues der Maschinenfabrik Esslingen: Die Wagenbau-Schreinerei ist mit Wagenkasten-Arbeiten während der Serienproduktion für die Stuttgarter Straßenbahnen beschäftigt.
Leider hatte der Werkfotograf nur zwei Schreiner arbeiten lassen, um das „Verwackeln" des Bildes bei größerer Geschäftigkeit mit einer Schar von Werkmännern zu vermeiden.

1929

Nebenbahn-Dieseltriebwagen
im Auftrag der Officine Metallurgiche e Meccaniche di Tortona

Hier haben wir es mit einem vierachsigen B '2'-Dieseltriebwagen zu tun, der in Gemeinschaftsarbeit entstanden ist.
Der wagenbauliche Teil wurde nach Esslinger Vorschlag sehr wahrscheinlich in den Officine Metallurgiche e Meccaniche di Tortona (Italien) gebaut. Jenes Unternehmen erscheint auch als Besteller in den Esslinger Auftragsbüchern (Bestellnr. 272669). Das 10 662 kg schwere Triebgestell mit Kuppelstangentriebwerk und mechanischem Schaltgetriebe wurde in der ME entwickelt, im Jahre 1929 gebaut und nach Turin geliefert.

Der mit MAN-Motor (100 PS bei 900 U/min, 110 PS bei 1000 U/min) ausgerüstete Triebwagen besaß eine Kastenlänge von 11 500 mm, einen Drehzapfenabstand von 6700 mm und eine Wagenkastenbreite von 2400 mm. Das Triebgestell hatte 2200 mm, das Laufgestell 1300 mm Achsstand. Der Raddurchmesser belief sich auf nur 700 mm.
Es waren zwei Abteile 2. Klasse mit zusammen 27 Sitzplätzen und ein Abteil 1. Klasse mit 8 Sitzplätzen sowie an jeder Stirnseite ein Führerstand vorgesehen.
In den Archiv-Unterlagen ist dieses Fahrzeug mit der italienischen Regelspur von 1445 mm registriert. Vermutlich handelt es sich jedoch um einen Schmalspur-Triebwagen.

1929

Zweiachsige Bahnpostwagen, Nrn. 168 bis 173
für die Deutsche Reichspost

Im Jahre 1929 standen mehrere verschiedene Gattungen von Bahnpostwagen im deutschen Reichspostdienst. Die zweiachsigen damaligen Wagen besaßen eine Länge von 8,5 m bei 2,9 m Breite.
Sie wurden für eine Tragfähigkeit von 5000 kg und 10 500 kg gebaut. Die Bahnpostwagen mit einer Kastenlänge von 10 m und 12,5 m sowie jeweils 2,9 m Breite fuhren auf drei Radsätzen.
Die Tragfähigkeit jener Gattungen war mit 7500 kg, 10 500 kg und 15 000 kg festgelegt. Außerdem hatte man noch vierachsige Wagen von 12 m Länge und 2,8 m Breite bei einer Tragfähigkeit von 8000 kg, deren Konstruktion bereits ebenso veraltet war wie die des 17 m langen Vierachsers mit ebenfalls 8000 kg Tragkraft. Als größter Bahnpostwagen kam damals ein 20-Meter-Vierachser mit 2,95 m Breite und 15 000 kg Ladegewicht hinzu.
Unser Werkfoto zeigt eine in Esslingen gebaute Serie von zweiachsigen Bahnpostwagen mit Oberlichtaufbau und 7000 mm Radstand. Die für das Bahnpostamt Stuttgart bestimmten Wagen hatten eine Tragfähigkeit von 7000 kg.

1929

Zweiachsiger Bahnpostwagen Nr. 163 (Gattung 2-b/10)
für die Deutsche Reichspost

Bahnpostwagen dieser zweiachsigen Bauart waren für die Einstellung in Personenzüge bestimmt. Die Maschinenfabrik Esslingen lieferte diesen genieteten 18,6 t schweren Wagen für das Bahnpostamt Stuttgart im Jahre 1929.

Er hatte 7200 mm Achsstand, Vereins-Lenkachsen, eine Einheits-Dynamo-Beleuchtung und eine Tragfähigkeit von 7000 kg (2000 kg für den Briefraum und 5000 kg für den Packereiraum).
Das Untergestell wies doppelte Langträger auf, an deren Innenprofilen die Laufwerke, an den äußeren die Kastensäulen befestigt waren.

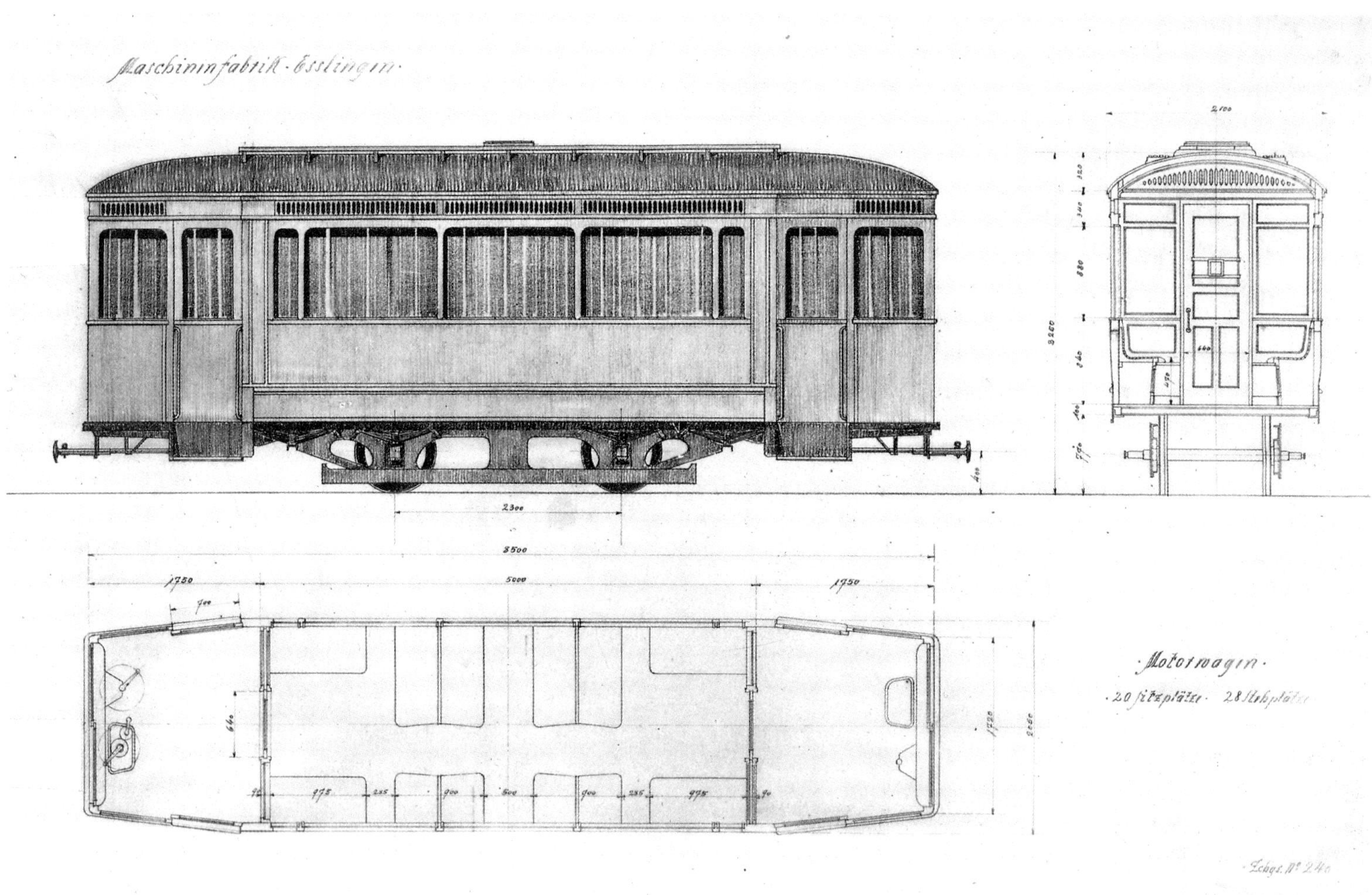

1929

Zur Straßenbahnwagen-Entwicklung

In der vielseitigen Entwicklung der Straßenbahnwagen während der zweiten Hälfte der zwanziger Jahre ließ sich ein stetes Bemühen um die Konstruktion und Einführung typisierter Trieb- und Beiwagen feststellen.
Wenn auch verschiedene Eigentümlichkeiten weiter gepflegt worden sind, die aus der langjährigen Gewöhnung des Publikums an „ihre" Wagen zu verstehen sind, so war trotzdem schon eine beachtenswerte Übereinstimmung der wesentlichen Hauptmerkmale zweiachsiger Trieb- und Beiwagen festzustellen. Obwohl der Trend zum stählernen Wagenkasten bereits unverkennbar war, legte 1929 die Deutsche Wagenbau-Vereinigung in Berlin W 10 noch einen Entwurf für einen Einheits-Straßenbahnwagentyp der hölzernen Bauart vor. Er enthielt Varianten verschiedener Radstände und Wagenbreiten.
Die ME hatte ihrerseits ein Motorwagen-Projekt (unser Bild) für 2300 mm Radstand und 2100 mm Wagenbreite vorgelegt. Bei einer Wagenkastenlänge von 8500 mm sah man 20 Sitz- und 28 Stehplätze vor.
Ein neuer Trend zeichnete sich ab: Steigende Löhne zwangen nicht nur in den USA, sondern auch in Europa zu Personaleinsparungen. Das bedeutete den Bau größerer Wagen mit erhöhter Kapazität bei gleichzeitiger Steigerung der Leistungsfähigkeit des Schaffners. Viele Städte gingen deshalb Ende der zwanziger und Anfang der dreißiger Jahre zwar von den bisherigen Wagengrößen aus, vereinten jedoch zwei oder drei Wagen durch Faltenbalgübergänge zu Gelenkwagenzügen. Einige der Städte, die so oder ähnlich vorgingen, waren Duisburg, Dresden, Leipzig und Berlin. In Stuttgart folgte nach dem zweiten Weltkrieg ein 42 m langer Zwillingszug mit 340 Plätzen und drei Mann Personal. Später folgten von der ME umgebaute, mit einer Übergangsbrücke hergestellte Doppelwagen DoT 4, die sich vor allem auf kurvenreichen Steilstrecken bewährten.

1930

Gepäckwagen mit Postabteil, Nr. 155 ▲

für die Deutsche Reichsbahn-Gesellschaft

Der für die württembergischen 750-mm-Schmalspurbahnen beschaffte zweiachsige, kombinierte Gepäck- und Postwagen hatte Mittelpufferkupplung und bei einer Länge über alles von 8430 mm einen Achsstand von 5000 mm. Der Raddurchmesser belief sich auf nur 750 mm.

Die Konstruktion geht auf das Jahr 1894 zurück. Dieser Wagen wurde jedoch als Nachlieferung an die Deutsche Reichsbahn im Jahre 1930 fabrikneu übergeben und war wie seine Vorgänger mit Toilette ausgestattet.

Das Ladegewicht war mit 6050 kg angeschrieben.

1930

Gepäckwagen mit Postabteil, Nr. 154

für die Deutsche Reichsbahn-Gesellschaft

In diesem 750-mm-Schmalspurzug der Reichsbahn-Zeit, das Personal in Paradestellung aufgebaut, steht hinter der Esslinger Mallet-Lokomotive 99 631 der ebenfalls aus Esslinger Produktion stammende Gepäckwagen mit Postabteil Nr. 154 (Reichsbahn-Direktion Stuttgart). Der 7 t schwere Kombinationswagen hatte sogar einen Hundestall.

Die Lokomotive verließ schon 1899 die Esslinger Werkhallen, der Wagen Nr. 154 beruhte auf einer Konstruktion des Jahres 1894 und kam 1930 als nachbestellte Neuauflage in den Betrieb. ▼

1930

Kurzgekuppelte Durchgangswagen Nrn. 40231/40232 ▲
für die Deutsche Reichsbahn-Gesellschaft

Für den Stuttgarter Vorortverkehr gab die Reichsbahndirektion Stuttgart eine Serie 3.-Klasse-Wagen, Bauart 1929 (spätere Nummernreihe 85 056-89), bei der Maschinenfabrik Esslingen in Auftrag.
Wegen der Ausnutzung der vollen Fahrgastraumbreite wurden zurückgesetzte Eingangsdrehtüren vorgesehen. Je Doppelwagen waren ein Lichtgenerator mit Flachriemenantrieb und Speicherbatterie vorhanden.
Der Doppelwagen hatte eine Länge über Puffer von 26 600 mm und zweimal 52 Sitzplätze. Von den 34 bestellten Einzelwagen sind die Einheiten 85 056-082 im Jahre 1933 als Beiwagen für die Oberleitungstriebwagen ET 65 umgebaut worden. Erst um 1963 folgte die Ausmusterung dieser mit 8500 mm Achsstand entworfenen Beiwagen.
Die innere Wand- und Deckenverkleidung bestand übrigens aus Kiefernholz, das eichenholz- oder elfenbeinfarbig lackiert war.

1930

Schwerlast-Tiefladewagen
für eine argentinische Bahnverwaltung

Das sechsachsige Schwerlastfahrzeug hat einen gekröpften Langträger, mit dem die Verschiedenartigkeit des Ladegutes besonders bei großem Transportgut-Volumen berücksichtigt werden konnte.
Dieser noch in Nietbauweise gebaute Sechsachser durfte nicht abgestoßen werden, weil sich der Pufferstoß über die zwischen Langträger und Drehgestell angeordneten Drehpfannen übertrug.
Das Fahrzeug (mit 13 000 mm Drehzapfenabstand) wurde von einem argentinischen Besteller nach weitgehend deutschen Konstruktions- und Regelspur-Betriebsbedingungen in Auftrag gegeben. Die Achslager stammten vom Werk Wittmann in Hagen-Haspe.
Das ME-Fabriknummernverzeichnis wies dem Schwerlast-Tieflader Anfang der dreißiger Jahre bereits die 15 000er Nummernreihe zu.
Er eignete sich für Ladegewichte bis zu 62 t. ▼

1930

Vierachsiger Triebwagen A.2

für die Aznalcóllar-Bahn in Spanien

Diese meterspurige spanische Regionalbahn verwendete vierachsige Esslinger Triebwagen mit MAN-Viertakt-Dieselmotor und mechanischer Leistungsübertragung. Der 120-PS-Motor war parallel zu den Radsatzwellen angeordnet, womit man teure Kegelradgetriebe vermeiden konnte.

Man rühmte das ziemlich stoßfreie Aufschalten bis zur zugelassenen Maximalgeschwindigkeit von 50 km/h.

Der Ganzstahl-Wagenkasten ruhte auf zwei Drehgestellen (Drehzapfenabstand 7120 mm). Der Achsstand des Triebgestells maß 2300 mm, derjenige des Laufgestells nur 1500 mm. Bei 25,5 t Leergewicht enthielt der Wagen 7 Plätze erster, 24 Plätze dritter Klasse und ein Postabteil. Die Wagenkastenlänge belief sich auf 11 870 mm.

Es sind zwei solche Fahrzeuge gebaut worden (Erstlieferung im Jahre 1929).

1930

3.-Klasse-Eilzugwagen, Gattung C4i

für die Deutsche Reichsbahn-Gesellschaft

Die Konstruktion dieser damals neuentwickelten Reisezugwagen war für die Einreihung in Eilzüge gedacht. Sie wurde in den Jahren 1928/29 mit dem Vorausbau von Probewagen sowohl für die 3. Klasse (C4i) als auch für die kombinierte 2./3. Klasse (BC4i) sowie auch für die 2. Klasse (B4i) als Einheitsbauweise bestätigt und zur Beschaffung freigegeben.
Es sind Ganzstahlwagen mit glatten Außenflächen und gewölbtem Tonnendach sowie, als End-Einstiegwagen, mit mittlerem Durchgang.

Der abgebildete, von der ME gebaute Einheitswagen (Länge über Puffer 20 960 mm) erhielt eine Innenausstattung aus lackpoliertem Eichenholz. Die Holzbänke hatten Eschenholzplatten.
Allein im Jahre 1930 sind 600 C4i-Wagen (Drehzapfenabstand 13 300 mm, Drehgestellradstand 3000 mm) bei der deutschen Waggonindustrie in Auftrag gegeben worden. Diese Bauvergabe machte damals den Hauptteil des Beschäftigungsprogrammes in der Mehrzahl der Waggonfabriken aus, weil ein Mangel an Güterwagenaufträgen herrschte.
Die sich gut bewährenden C4i-Einheitswagen hatten doppelte Seiten-Eingangstüren mit einer lichten Öffnung von jeweils 650 mm Breite. Der Fahrgastraum des 35,6 t schweren Wagens enthielt 84 Sitzplätze.

1930 ▲

Dreiachsiger Bahnpostwagen Nr. 7370 (Gattung 3-b/12,5)
für die Deutsche Reichspost

Der Dreiachser 7370 verließ um 1930 das Lieferwerk, wurde dann im Bezirk der Reichsbahndirektion Stuttgart eingesetzt und dem gleichnamigen Bahn-Postamt zugeteilt.
Der Wagen war für 17,5 t Tragfähigkeit bemessen. Sein Oberlichtaufbau, ein gedeckter Bremserstand und seitliche Schiebetüren charakterisierten diese dreiachsigen, zwölfeinhalb Meter langen Reichspostfahrzeuge, von denen später mehrere in Zweiachser umgebaut worden sind.

1931

Zweiachsiger Bahnpostwagen Nr. 26 (Gattung 2-p/8,5)
für die Deutsche Reichspost

Ein Bahnpostwagen der vorgeschrittenen Reichsbahnzeit, hier mit Holzkasten, Oberlichtaufbau und gedecktem Bremserstand, ist aus heutiger Sicht fast eine Rarität, zumal das Paketpostfahrzeug laut ME-Fabrikschild aus dem Jahre 1931 stammt.
Unser Wagen Nr. 26 (Bahnpostamt Stuttgart Hbf) erhielt Vereins-Lenkachsen, 8500 kg Ladegewicht und 9000 kg Tragfähigkeit. Er hatte 5000 mm Achsstand, Kunze-Knorr-Personenzugbremse und ein Eigengewicht von 14,7 t. ▼

1930

Vierachsiger Kokslöschwagen

für das Gaswerk Stuttgart-Gaisburg

In den früheren großen Kokereien gewann man den Koks und die verschiedenen teer-, ammoniak- und benzolhaltigen Gase durch die sogenannte Trocken-Destillation der Steinkohle.
Nach Beendigung solcher Prozesse öffnete man die Kammertüren und schob mit fahrbaren Ausstoßmaschinen den glühenden Koks ins Freie, um ihn dann mit mächtigen Wasserstrahlen zu löschen und in die als Schüttgutwagen ausgebildeten Spezialfahrzeuge zu verladen. Dem Betrachter solcher Vorgänge boten sich, besonders nachts, gespenstisch anmutende und gleichzeitig faszinierende Schauspiele, die auch viele Fotografen anlockten.
Um die Wagenachslager vor Schäden zu bewahren, erhielten sie besondere Abdeckungen. Auf unserem Werkbild ist ein Esslinger Kokslöschwagen für 10 Tonnen Kokslösche und 9 m Drehzapfenabstand zu sehen. Die ebenfalls in Esslingen gebaute Dampfspeicherlokomotive bekam ein geschlossenes Führerhaus mit kleinem Ausguck und hochliegendem Führerstand, um das Lokpersonal vor der Glut zu schützen und ihm trotzdem den Blick auf die Schüttvorgänge zu gewähren.

1931

Kokslöschwagen mit elektrischem Fahrantrieb
für einen belgischen Kokerei-Betrieb

Das Kokslösch-Fahrzeug gehört in die Kategorie der sogenannten Gütertriebwagen. Im vorliegenden Fall handelt es sich um einen von der ME für den Betrieb auf Werkbahnen bestimmten Selbstentlader mit elektrischem Antrieb.
Für solche und ähnliche Fahrzeuge, darunter auch Selbstfahr-Erzwagen, wurden bevorzugt Kranmotoren mit Übersetzungsgetrieben verwendet, weil man sie leicht für aussetzenden Betrieb und kurzzeitige Überlast bemessen konnte.

Im Kokslöschbetrieb ist allerdings eine Stromabnahme von der konventionellen Oberleitung aus Gründen der Betriebssicherheit nicht möglich. Man fuhr entweder mit Akkumulatoren oder mit einer Stromabnahme von der geschützt verlegten Schleifleitung. Der genietete Wagen war regelspurig.

1931

2. Klasse Eilzugwagen, Gattung B4i

für die Deutsche Reichsbahn-Gesellschaft

Im Unterschied zu den vereinheitlichten C4i-Wagen erhielten diese Drehgestell-Fahrzeuge bei einer Länge über Puffer von 21 700 mm und einem Drehzapfenabstand von 14 040 mm nur einfache Eingangstüren und 62 Sitzplätze. Der 2960 mm breite Wagenkasten hatte zwei große Räume für Raucher und Nichtraucher (aus drei beziehungsweise vier offenen Abteilen bestehend) und ein in Wagenmitte durch hohe Trennwände abgetrenntes Frauenabteil.
Die lichte Fensterbreite der 37,2 t schweren 2.-Klasse-Wagen beträgt 1000 mm (800 mm im 3.-Klasse-Wagen). Im wesentlichen stimmte die Bauart mit den wichtigsten Merkmalen der C4i- und BC4i-Wagen weitgehend überein, wenn man von den Voraussetzungen für die Polsterklassen-Ausstattung absieht.

Im Zusammenhang mit den von der Deutschen Waggonbau-Vereinigung vorangetriebenen Rationalisierungsarbeiten wurden wichtige Wagenteile, die sich für eine Reihenfertigung besonders eigneten, dem jeweils dafür besonders eingerichteten Werk zur Herstellung übertragen, um sie dann anderen am Gesamtauftrag beteiligten Waggonfabriken beizustellen. Hierzu gehörten zum Beispiel Drehgestelle, Schiebetüren und Fensterrahmen.
Die abgebildete 2.-Klasse-Wagengruppe baute die ME zur Lieferung an die Reichsbahndirektion Stuttgart.

1931

Schwerlastwagen, Gattung SS (Nr. 2574) ▲

für die Gutehoffnungshütte

Der Begriff des Schwerlastwagens wurde zwischen den beiden Weltkriegen denjenigen Wagen zugesprochen, die außergewöhnlich schwere Einzellasten über 40 t zu befördern hatten.
In diese Gruppe gehörten auch die sogenannten Schienen- und Tiefladewagen, deren Verwendungszwecke freilich nie eindeutig abzugrenzen waren.
Das hier abgebildete, im Jahre 1931 in Nietbauweise hergestellte Drehgestell-Schwerlastfahrzeug hatte 50 t Ladegewicht (Tragfähigkeit 52,2 t), einen Gesamtradstand von 9400 mm, einen Drehgestellradstand von 1800 mm sowie Peyinghaus-Achslager. Bremsen wurden nur an einem der beiden Drehgestelle angeordnet.
Das Fahrzeug diente dem schweren Werkverkehr in Stahlwerken und Hüttenbetrieben.

1932

(1A)2'-Dampftriebwagen Nr. 1

für die Eisenbahnen der Türkischen Republik

Dieser in drei Einheiten für die türkischen Bahnen von der ME entwickelte Dampftriebwagen ist eine technische Kombination aus Lokomotive und Reisezugwagen.
Das mit einer Hochdruckmaschine arbeitende, allseits geschlossene und mit dem Führerstand ausgerüstete Triebgestell wurde in der Abteilung Lokomotivbau, der als Sattelauflieger konzipierte Wagenkasten jedoch in den Waggonbau-Werkstätten gebaut.
Der in drei Klassen unterteilte Wagenkasten (56 Sitzplätze) ruhte einerseits auf einem üblichen zweiachsigen Laufdrehgestell und andererseits mit seinen verlängerten Unterrahmenträgern gleitend auf dem Triebgestell, mit dem er über ein Kugelgelenk gekuppelt war.
Das mit WC, Post- und Gepäckabteil ausgestattete Fahrzeug erreichte knapp 110 km/h Höchstgeschwindigkeit und war für Einmannbedienung geeignet.
Der Triebwagen wog 49 t leer und 58 t dienstbereit bei vollen Wasser- und Kohlevorräten. Das Wagenkasten-Drehgestell hatte 3000 mm, das Triebgestell jedoch 3600 mm Radstand. Die Länge über Puffer betrug 21 080 mm, die größte Breite 3150 mm. ▼

1932

Turmwagen Nr. 727 101

der Deutschen Reichsbahn-Gesellschaft

Für den Bau und die Unterhaltung elektrischer Fahrleitungen sind Turm- und Fahrleitungs-Untersuchungswagen mit elektrischem, meist jedoch mit verbrennungsmotorischem Antrieb bestellt worden.

Dieser von der Maschinenfabrik Esslingen in der ersten Hälfte der dreißiger Jahre gebaute zweiachsige Turmwagen stand der Fahrleitungsmeisterei Plochingen (Strecke Stuttgart – Ulm mit Plochinger Abzweigung nach Tübingen) zur Verfügung. Er hatte eine Länge über Puffer von 12 500 mm, eine verschiebbare Arbeitsbühne sowie nach unten umlegbare Kurzschließer und Stromabnehmer. Der Arbeitsraum enthielt eine Werkbank mit Werkzeug- und Ersatzteilschränken, außerdem alle notwendigen Meßinstrumente.

1933

Triebwagen Nr. 1212, Gattung C4ielT, mit Steuerwagen
für die Deutsche Reichsbahn-Gesellschaft

Die von der ME gebauten und von BBC elektrisch ausgerüsteten Wechselstrom-Fahrzeuge standen vom Sommer 1933 an im Dienstplan des Stuttgarter Vorortverkehrs.
Der hier gezeigte 63,7 (64,0) t schwere fabrikneue Bo'Bo'-Triebwagen Nr. 1212 gehörte zur ersten Lieferserie des Jahres 1933, hatte eine Länge über Puffer von 20 300 mm, einen Gepäckraum und – laut Wagenanschrift – 98 Plätze dritter Klasse, davon 25 Stehplätze.
Das mit elektrischer Widerstandsheizung und Görlitzer Drehgestellen ausgestattete Fahrzeug wies 12 600 mm Drehzapfenabstand und 1000 mm Triebraddurchmesser auf.
Das Modell eines Triebwagens dieses Typs und eines zugehörigen Steuerwagens befindet sich im Verkehrsmuseum Nürnberg. Beide interessanten „Muster-Exemplare“ fertigten 1984 die Lehrlinge des Bundesbahn-Ausbesserungswerkes Stuttgart-Bad Cannstatt im Maßstab 1:10.

1933

Steuerwagen Nr. 2201, Gattung BC4 elS

für die Deutsche Reichsbahn-Gesellschaft

Die ME erhielt von der Reichsbahn-Hauptverwaltung den Auftrag, für den Vorortverkehr Stuttgart – Esslingen und Stuttgart – Ludwigsburg zunächst 16 Wechselstrom-Triebwagen und 12 Steuerwagen zu entwerfen und zu bauen.

Bei einem Eigengewicht der Triebwagen von 64 t und 44 t für den Steuerwagen sollte eine Fahrgeschwindigkeit von 75 km/h erreicht werden. Dabei wurde verlangt, daß als Zwischenwagen noch zwei kurzgekuppelte bereits früher von der ME gelieferte Vorortwagen mit einem Gesamt-Eigengewicht von 42 t zwischen Trieb- und Steuerwagen eingeschaltet werden, so daß bei einer solchen Zugeinheit ein Fassungsvermögen von 325 Personen zu verwirklichen ist, das heißt 24 Sitzplätze 2. Klasse, 226 Sitzplätze 3. Klasse und 75 Stehplätze.

Der über Puffer 20 300 mm messende Steuerwagen allein wies 24 Sitzplätze der 2. Klasse, 49 Sitzplätze der 3. Klasse und 10 Stehplätze auf. Die späteren Betriebsnummern lauteten ES 65 001 bis 016. Die Dienstmasse der 1933 in Dienst gestellten Steuerwagen (12 600 mm Drehzapfenabstand) konnte durch Verfeinerung der Konstruktion gegenüber den Entwurfszeichnungen von den geschätzten 44 t auf etwa 40,4 t gesenkt werden. Bei späteren Nachbestellungen (ES 65 017 bis 024) ist dann eine weitere Herabsetzung des Eigengewichts durch Schweißbauweise auf nur noch 27,4 t erzielt worden.

1934

Versuchsweise Vollschweißung:

Bahnpostwagen Nr. 7547, Gattung 4ü-a/20 (4ü-b/20) ▲

für die Deutsche Reichspost

Diesen Postwagen mit einer Kastenlänge von 20 m lieferte die Maschinenfabrik Esslingen im Jahre 1934 an die Reichspost. Das Fahrzeug besaß Drehgestelle des Typs Görlitz III, einen stählernen Wagenkastenaufbau und an beiden Stirnseiten die seinerzeit bei Reisezugwagen üblichen Faltenbalg-Übergänge. Der zuvor meist gebräuchliche Oberlicht-Aufbau ist bereits durch ein gewölbtes Dach mit gewölbten Fenstern ersetzt worden.
Der Wagen hatte eine Tragfähigkeit von 15 500 kg (Lastgrenze) und war für ein Ladegewicht von 15 000 kg vorgesehen. Sein Eigengewicht war mit 39,1 t angeschrieben. Das zuständige Bahnpostamt Stuttgart setzte den mit Kunze-Knorr-Bremse (Kksbr) ausgerüsteten Wagen hauptsächlich im Schnellzugverkehr ein.
Dank der Mithilfe des Posttechnischen Zentralamtes in Darmstadt und des Archivs im Verkehrsmuseum Nürnberg stellte sich heraus, daß dieses Fahrzeug in der zweiten Hälfte der dreißiger Jahre die Nr. 625 erhielt, im Jahre 1958 umgebaut und am 17. Oktober 1968 ausgemustert worden ist.
Es war einer der beiden versuchsweise in vollgeschweißter Ausführung gefertigten Bahnpostwagen jener Zeit.

1934

Sonderwagen Nr. 109

für die Türkischen Eisenbahnen (CT)

Zwischen den beiden Weltkriegen gewann die deutsche Waggon-Industrie als wirtschaftlicher Exportfaktor eine besondere Bedeutung.
Im Export konnte man wieder an frühere Zeiten anknüpfen, in denen besonders hochwertige Fahrzeuge ins Ausland gingen. Weil der Anteil des an damalige deutsche Arbeiter gezahlten Lohnes für die Herstellung von Eisenbahnwagen etwa 70 % ausmachte und relativ wenige Devisen für die Baustoffe aufzuwenden waren, lag in der Waggon-Ausfuhr ein besonders hoher lohnintensiver Anteil. Die meisten dafür notwendigen Werkstoffe waren Inlandserzeugnisse.
Der frühere Ruhm einer fast überladenen Pracht von Innenausstattungen mit Intarsien für spezielle Reisezugwagen war nach dem ersten Weltkrieg nicht vergessen. Mehrere ausländische Bahnverwaltungen bestellten wieder Hofzug- und Minister-Wagen in Deutschland.
Hier ist das Beispiel eines solchen Exports aus dem Jahre 1934. Es ist ein als „Sonderzug"-Wagen deklariertes vierachsiges Drehgestellfahrzeug, das weitgehend nach deutschen Normalien von der ME für die Bahnen der Türkei (CT) gebaut wurde und oft in die Sonderzüge reisender Diplomaten und Staatsmänner eingereiht wurde. ▼

1934

Dampfgetriebener Leichtwagen-Kurzzug

Projekt für den Regelspur-Nahverkehr

Der Leitgedanke dieses Modell-Entwurfs der ME lag in der Verwirklichung eines schnellen Nahverkehrs-Kurzzuges mit hoher Anfahrbeschleunigung. Veränderbares Platzangebot durch eine an den Bedarf anpassungsfähige Personen-Wagen-Anzahl sowie Verzicht auf einen Lokomotivheizer in der zugehörigen Klein-Dampflokomotive galten als die propagierten Vorteile. Das Projekt basierte auf dem Antrieb durch eine innenliegende 770-PS-Zwillingsdampfmaschine in V-Anordnung mit Ventilsteuerung und auf einem automatisch arbeitenden Wasserrohr-Hochdruckkessel (33 kg/cm² Druck) mit Kondensation. Solche Triebfahrzeuge wurden mit verschiedenen Achsständen und Radsatzfolgen, beispielsweise B, 1'B, 1'B1' vorgeschlagen, sowie für unterschiedliche Höchstgeschwindigkeiten bis über 100 km/h ausgelegt. Während der 25. Beratung des Lokomotiv-Ausschusses im November 1934 hieß es sinngemäß: Es bleibt die Frage offen, ob man dabei den Bau von Sonderwagen in Aussicht nehmen oder mit dem Einsatz vorhandener Personenwagen rechnen soll. Kommen Sonderwagen in Frage, so wäre eine leichtere Lokomotive möglich, die im Kapitaldienst und in den Betriebskosten billiger wird. Die Gesamtwirtschaftlichkeit wird aber durch den Kapitaldienst von Sonderwagen nachteilig beeinflußt.

Robert Paul Wagner lehnte das Esslinger Projekt ab, zumal für solche Kurzzüge bereits mit der Baureihe 71^0 eine 1'B1'-Tenderlokomotive mit konventionellem Kessel vor der Betriebserprobung stand. Jener in nur sechs Einheiten gebauten Lokomotive war jedoch – wie sich erst später herausstellte – leider kein dauerhafter Erfolg beschieden, zumal sie die Nahverkehrstriebwagen nur ungenügend ersetzen konnte.

1935

Elektrischer Schnelltriebzug Nr. 1900a/b

der Deutschen Reichsbahn-Gesellschaft

Die im Jahre 1934 von der Reichsbahn in Auftrag gegebenen drei zweigliedrigen Einphasen-Wechselstrom-Triebzüge für 160 km/h Plangeschwindigkeit wurden als Baumuster-Fahrzeuge für den hochwertigen Fernverkehr konstruiert. Die Reichsbahn teilte damals dazu mit: „Bei dem hierdurch bedingten Umfang der Entwurfsarbeiten war es geboten, diese auf zwei im Bau elektrischer Triebwagen erfahrene Wagenbauanstalten aufzuteilen. Die Maschinenfabrik Esslingen, die auch die Federführung im Entwurf des Wagenkastens und seiner Inneneinrichtung übernahm, erhielt einen Schnelltriebzug, die MAN in Nürnberg zwei Triebzüge in Auftrag."
Die beteiligten Ingenieure konnten bei der Entwicklung die mit dem diesel-elektrischen Triebzug „Fliegender Hamburger" gewonnenen Erfahrungen nutzen. Außerdem war es möglich, zur Ermittlung der günstigsten Formgebung geeignete Windkanal-Versuche in den Maybach-Motoren-Werken durchzuführen und auf das mit solchen Messungen vertraute Fachpersonal des Zeppelin-Luftschiffbaues in Friedrichshafen zurückzugreifen.

Der von der ME im Jahre 1935 fertiggestellte Triebzug fand auf der Jahrhundert-Ausstellung der deutschen Eisenbahnen in Nürnberg großes Interesse. Er ist übrigens im Jahre 1972 von der Deutschen Gesellschaft für Eisenbahngeschichte erworben worden und erhalten geblieben.

1935
Vorbildlich und richtungweisend:

Elektrischer Schnelltriebzug elT 1900 (ET 11 01)
für die Deutsche Reichsbahn-Gesellschaft

Der über Puffer 43 585 mm messende Triebzug elT 1900, Gattung B4ü elT + BPw4üK elT, mit 103,2 t Eigengewicht erhielt von der ME eigens entwickelte Klapptische und zum erstenmal die Zwischenwände der Fahrgasträume mit Intarsien (Regierungsbaumeister Architekt Fetzer, Stuttgart) dekoriert. Die Wände der Nichtraucher-Abteile verkleideten die Innenausstatter mit poliertem Birkenholz, die des Raucherabteils mit gedämpftem Birnbaumholz. Für die Polstersitze wurden Plüsch- und Gobelinstoffe verwendet. Anfangs entschloß man sich zum Einbau eines Buffets, sah dann aber eine von den Fahrgasträumen getrennte elektrische Küche mit Anrichte vor.
Wir sehen hier den Triebzug auf der Geislinger Steige. Otto Taschinger (Reichsbahn, München) äußerte sich zur Konstruktion dieses Zuges damals so: „Die geschweißte Blechträgerbauweise der drei gelieferten Schnelltriebzüge ist eine Versuchsbauart, die aber bei der Herstellung so viele praktische Erkenntnisse brachte und durch das erzielte geringe Gewicht und die günstigen Erfahrungen im Betrieb sich so bewährte, daß sie für *alle* später in Auftrag gegebenen Trieb-, Steuer- und Beiwagen richtunggebend wurde.“

1935

Elektrischer Triebzug elT 1802a/b

für die Deutsche Reichsbahn-Gesellschaft

Der aus zwei kurzgekuppelten Triebwagen, Radsatzfolge Bo'2' + 2'Bo', bestehende Elektrozug war für den Schnell- und Eilzugdienst bis zu 120 km/h Maximalgeschwindigkeit bestimmt. Die durch Tatzlagermotoren (BBC) angetriebenen und mit Görlitzer Leicht-Drehgestellen ausgerüsteten Fahrzeuge hatten Peyinghaus-Gleitachslager und an den Stirnseiten offene, für das Personal gedachte Übergangsbrücken. –

Dieser mit 43 625 mm Länge über Puffer bemessene Triebzug konnte bis in den Bereich von etwa 30 Prozent der Höchstgeschwindigkeit mit 0,65 m/s^2 beschleunigen. Die 94 km lange Strecke Stuttgart – Ulm (einschließlich Geislinger Steige) legte der Zug bei zwei Zwischenhalten von je einer Minute programmgemäß in 66 Minuten Fahrzeit zurück.

Die Maschinenfabrik Esslingen lieferte die im Dienst etwa 88,3 t wiegenden Triebzüge 1801 bis 1807 (später Bezeichnung ET 25 015–021) und die 89,0 t wiegenden Züge 1825 bis 1827 (ET 25 022–024).

elT 1801a

1935

◄ **Elektrischer Triebzug elT 1801a/b**

für die Deutsche Reichsbahn-Gesellschaft

Das ist ein Blick auf die Stirnseite des vom Flugschnee bedeckten ersten Triebzuges dieser Gattung. Die zulässige Höchstgeschwindigkeit im Plandienst belief sich auf 120 km/h. Die Stundenleistung erreichte 920 kW bei 88 km/h.
Bei der größten zulässigen Geschwindigkeit hatten die achtpoligen elektrischen Wechselstrom-Reihenschlußmotoren eine Drehzahl von 1805 Umdrehungen pro Minute.
Der Triebzug hatte 18 Sitzplätze in der ersten und 142 Sitzplätze in der zweiten Klasse. Die Einstiege an den Wagen-Seitenwänden besaßen Doppelschiebetüren, in der Mitte neben der Kurzkupplung jedoch nur Einfachschiebetüren.

1935

Zahnradbahn-Triebwagen Nr. 101 ▲

der Stuttgarter Straßenbahnen

Dieser im Jahre 1935 in Esslingen gebaute dreiachsige Zahnradbahn-Motorwagen Nr. 101 hatte zunächst noch einen hölzernen Kastenaufbau mit 32 Sitz- und 62 Stehplätzen.
Mit seinem geschweißten Untergestell, den beiden AEG-Motoren, dem Zahnrad-Triebwerk und der elektrischen und pneumatischen Bremse brachte der leere Wagen 20,5 t auf die Waage.
Er ging als Zahnradbahn-Fahrzeug der „zweiten Generation" im Jahre 1983 in die Obhut des Straßenbahnmuseums Stuttgart e.V. (SMS).
Die beiden äußeren Radsätze hatten 735 mm, der mittlere Radsatz 420 mm Durchmesser und die Eingriffszahnräder wiesen 850 mm Teilkreisdurchmesser auf.

1936

Rollbock-Ladegrube

der Württembergischen Eisenbahn-Gesellschaft

Unser Werkfoto zeigt das Umsetzen eines Regelspur-Güterzuges auf meterspurige Rollböcke der inzwischen stillgelegten, 19 km langen Strecke Amstetten-Laichingen, auf der im Jahre 1975 noch 35 Rollböcke zur Verfügung standen.

Der dortige Rollbockbetrieb gestattete sogar die Übernahme großer Drehgestellfahrzeuge. Hier wird gerade ein vierachsiger Schienenwagen (Gattung Köln SS mit 15 m Ladelänge) von den Esslinger Rollböcken übernommen.
Auf einem Teilstück der Schmalspurstrecke soll ein Museumsbahnbetrieb aufrecht erhalten werden.

1936

Kesselwagen Nr. 567195 (Gattungsbezirk Köln)
und andere für die Rhenania-Ossag Mineralöl-Werke AG, Hamburg

Die Kesselwagen für brennbare Flüssigkeiten der Mineralöl-Industrie konstruierte man meist mit einer oder mehreren öldichten Scheidewänden im Behälter, aber auch ohne jede Scheidewand, dann jedoch mit Schwallblechen wie man sie aus dem Lokomotivtenderbau schon kannte.

Die 265 Hektoliter fassenden Kessel dieser Esslinger Wagenlieferung sind auf den normalen, den Vorschriften der Reichsbahn entsprechenden Untergestellen gelagert, die einen Radstand von 4500 mm besaßen. Die Länge über Puffer mißt 8800 mm.
Als Ladegewicht wurden 18 520 kg (Tragfähigkeit 19 400 kg) genannt. Die als Privatwagen für Reichsbahnstrecken zugelassenen Fahrzeuge wurden dem Heimatbahnhof Köln-Nippes zugeordnet.

1937

Fahrleitungs-Untersuchungswagen 767 601
für die Deutsche Reichsbahn

Zum Bau und zur Wartung von Oberleitungen des elektrischen Bahnbetriebes lieferte die Maschinenfabrik Esslingen verschiedene Fahrleitungs-Untersuchungs- und Turm-Wagen.
Der abgebildete Wagen des Gattungsbezirks Breslau ist nach Übergabe an die Deutsche Reichsbahn dem Heimatbahnhof Waldenburg-Dittersbach in Schlesien zugeteilt worden.

Das Fahrzeug hatte einen eigenen dieselmotorischen Antrieb, eine verschiebbare Arbeitsbühne und Kurzschließer sowie einen Stromabnehmer, Meß- und Prüfgeräte und Akkumulatorenbatterie. Im Wagenkasten gab es einen Arbeitsraum mit Werkbank, Werkzeug- und Ersatzteil-Schränken, einen Mannschaftsraum und eine Führerstandskabine. Auf der Strecke waren für diesen Fahrleitungs-Untersuchungswagen 75 km/h Höchstgeschwindigkeit zugelassen. Fristuntersuchungen wurden im Reichsbahn-Ausbesserungswerk Dessau durchgeführt.

1937

Fahrleitungs-Untersuchungswagen 767 602
für die Deutsche Reichsbahn

Die technischen Daten dieses Sonderfahrzeugs stimmen weitgehend mit denjenigen des Fahrleitungs-Untersuchungswagens 767 601 überein: 7000 mm Achsstand, 12 500 mm Länge über Puffer, Eigengewicht 23,6 (23,7) t.

Das Antriebsaggregat bestand aus einem 180-PS-Dieselmotor von der Triebwagenbau Aktiengesellschaft (TAG), Kiel-Friedrichsort, und einem hydrodynamischen Getriebe von der J.M. Voith GmbH, Heidenheim.
Eine Hildebrand-Knorr-Druckluftbremse und Peyinghaus-Achslager sowie eine Warmwasserheizung und elektrische Beleuchtungseinrichtung gehören zu den sonstigen Merkmalen.

1937

Einheits-Nebenbahntriebwagen, Betriebsgattung CvT

für die Deutsche Reichsbahn

Die im Jahre 1934 beginnende Entwicklung vereinheitlichter Nebenbahn-Triebwagen führte zu einer zweiachsigen Bauart mit MAN-Dieselmotor. Die gesamte Maschinenanlage mit Kühler und Kraftstoffbehälter war in einem geschweißten Tragrahmen montiert, der sich einerseits über Blattfedern auf den Lagern des Treibradsatzes und andererseits über ein Wälzlager auf dem Laufradsatz abstützte.
Der 150-PS-Motor (Nenndrehzahl 1 500 U/min) gab sein Drehmoment über ein Mylius-Viergang- und ein Mylius-Wendegetriebe an den Treibradsatz weiter.
Der Fahrgastraum bot bei einer Sitzteilung von 2 + 3 insgesamt 36 Sitzplätze (davon vier Klappsitze). Im Bedarfsfall konnten zusätzliche sechs Plätze auf Klappbänken des Gepäckraumes in Anspruch genommen werden. Im nicht benutzten Führerstand durften außerdem noch zwei Sitzplätze neben dem Führertisch belegt werden.
Die 75 km/h schnellen Fahrzeuge sind laut Beschaffungsprogramm des Jahres 1935 von der MAN (Entwicklungsfirma), von der Waggonfabrik Bautzen (Busch), von Rathgeber und von der Maschinenfabrik Esslingen 1937 gebaut und geliefert worden.
Unser Foto zeigt den in der Waggon- und Maschinenfabrik AG, vormals Busch, in Bautzen gebauten Triebwagen 135 067 (Direktion Nürnberg) mit 7,0 m Achsstand. Die Maschinenfabrik Esslingen baute die Triebwagen 135 088-094 und 135 111-115. Diese Triebfahrzeuge stellten die größte Einheits-Serie zweiachsiger Reichsbahn-Dieseltriebwagen dar.

1938

Vierachsiger Bahnpostwagen Nr. 4744 (Gattung 4-a/15) ▲
für die Deutsche Reichspost

Als Ersatz für ältere zwei- und dreiachsige Bahnpostwagen kamen vom Jahre 1938 an neue Bahnpostwagen mit 15 m Kastenlänge und einem Gesamtmaß über Puffer von 16 300 mm in den Reichspostdienst.
Das ist ein derartiger Wagen mit Drehgestellen der Bauart Görlitz III (leicht) und mit einem Drehgestell-Achsstand von 3000 mm. Der Drehzapfenabstand betrug 9000 mm.
Der abgebildete Wagen erhielt elektrische Heizung und Einheits-Dynamobeleuchtung. Sein Heimatpostamt war Augsburg 2. Er wog 31,2 t und wurde mit Wälzlager-Radsätzen und Hildebrand-Knorr-Bremse ausgerüstet. Sein Ladegewicht belief sich auf 12 000 kg, die Tragfähigkeit auf 12 600 kg.

1938

Vierachsiger Bahnpostwagen Nr. 4543 (Köln)
für die Deutsche Reichspost

Bahnpostwagen dieser Bauart sind in den dreißiger Jahren bis um 1942 in verschiedenen Ausführungen hergestellt worden. Sie unterschieden sich im wesentlichen durch die Raumaufteilung und die Innenausstattungen je nach Verwendungszweck: (a) vorwiegend für die Briefbeförderung, (b) Briefpost- und Paketbeförderung oder (c) nur für Pakete und Päckchen. Wegen dieser Verschiedenartigkeit mußten auch die Anordnungen der Türen und Fenster variiert werden.
Der hier gezeigte, für das Bahnpostamt Köln bestimmte Vierachser hatte eine Länge über Puffer von 22,9 m, eine Kastenlänge von 21,6 m und einen Drehpfannenabstand von 15,5 m. Der Wagen besaß Drehgestelle der Bauart Görlitz III (schwer) sowie Faltenbalg-Übergänge. Das Esslinger Werkfoto, zur Verfügung gestellt vom Posttechnischen Zentralamt, läßt die Wagen-Anschriften deutlich erkennen. Demzufolge war ein Ladegewicht von 20t bei einer Tragfähigkeit von 21t zugelassen. Der Drehgestell-Achsstand belief sich auf 3600 mm. Der Bahnpostwagen wurde mit einer Dynamo-Beleuchtung der GEZ (Gesellschaft für elektrische Zugbeleuchtung, Frankfurt/Main) ausgerüstet. ▼

1938

Sechsachsiger Schwerlastwagen Nr. 2830, Gattung SS ▲
für die Gutehoffnungshütte

Das ist ein Werkbahn-Fahrzeug mit geschweißten dreiachsigen Drehgestellen und genietetem Brückenträger. Das mit Handspindel- und Druckluftbremse ausgerüstete Fahrzeug wog 29,2 t und konnte 60 t Ladegewicht (Tragfähigkeit 63 t) aufnehmen.
Der Gesamtradstand belief sich auf 12 000 mm, der Drehgestell-Radstand auf 3000 mm.

1938

Elektrischer Triebwagen elT3
der Trossinger Eisenbahn

Am 14. Dezember 1898 fand die feierliche Einweihung der normalspurigen „Verbindungsbahn Trossingen", der späteren Trossinger Eisenbahn statt. Bis zu diesem Zeitpunkt hatte die berühmte Musikinstrumenten-Stadt (Matthias Hohner) keinen Eisenbahn-Anschluß.
Als größtes Fahrzeug der mit 600 Volt Gleichstrom elektrifizierten Trossinger Eisenbahn entwickelte und baute die ME einen mit Druckluft-, elektrischer Kurzschluß- (Widerstands-) und Magnet-Schienenbremse ausgerüsteten Bo'Bo'-Triebwagen (Fabriknr. 19254), Gattung BC4, der nach Lieferung im Jahre 1938 die Strecke Trossingen/Stadt-Reichsbahnhof bediente. Das bei einer Länge über Puffer von 15 050 mm für 65 Sitzplätze (2. und 3. Klasse) ausgelegte Fahrzeug verfügte auch über einen Gepäckraum und konnte mit seinen vier 75-kW-AEG-Motoren auch im Güterzugdienst eingesetzt werden.
Der Drehzapfenabstand belief sich auf 8600 mm, der Drehgestellradstand auf 2500 mm und das Betriebsgewicht auf 34,61 t.
Im Jahre 1956 entwickelte die Maschinenfabrik Esslingen für die Trossinger Eisenbahn einen Leicht-Triebwagen (Fabriknr. 24 836) mit Bo-Achsfolge, der die Bahn-Nr. T 5 erhielt, Siemens-Ausrüstung und eine Länge über Puffer von 12 300 mm hatte. Der T 5 wog nur 17,3 t. ▼

1939

Heizwagen Nr. 714015 ▲

für die Reichsbahndirektion Stuttgart

Lange Reisezüge erfordern bei strenger Kälte große Heizleistungen. Der früher von der Zuglokomotive abgezweigte Dampf reichte nicht immer aus, um auch die letzten Wagen genügend zu erwärmen. In solchen Fällen und auf elektrifizierten Strecken stellte die Reichsbahn einen Heizwagen, oft in Zugmitte, ein. Fast alle bis 1930 gebauten Heizwagen besaßen ein dreiachsiges Laufwerk. Erst danach sind vierachsige Drehgestellwagen beschafft worden. Unser Werkfoto zeigt einen solchen Vierachser mit einer Länge über Puffer von 17 100 mm und einem Drehzapfenabstand von 9 700 mm (Drehgestellradstand 3 600 mm).
Der 61,2 t schwere Wagen enthielt außer einem Dampfheizkessel mit Gebläse auch die zugehörige Speisepumpeneinrichtung, einen Kohlenkasten und zwei Wasserbehälter.

1940

Der Längste:

Dieseltriebwagen

für die Eisenbahn AG Schaftlach-Gmund-Tegernsee

Mit 25 Metern war das damals der längste deutsche Triebwagen überhaupt. Die Maschinenfabrik Esslingen hatte ihn 1940 für den Direktverkehr zwischen Tegernsee und München konstruiert. Das symmetrische Fahrzeug mit zwei parallel arbeitenden Maschinenanlagen (insgesamt 360 PS) erhielt 18 Sitzplätze in der 2. Klasse und 56 Sitzplätze in der seinerzeit noch üblichen 3. Klasse. Alle Sitzplätze hatten Plüsch-Polster.
Mit diesem 110 km/h schnellen Triebwagen wurde angestrebt, nach Fertigstellung der Autobahn München – Holzkirchen, den Schienenverkehr wieder wettbewerbsfähig zu machen, einem Vorhaben, dem der ausgebrochene Zweite Weltkrieg entgegenstand.
Die beiden zweiachsigen Drehgestelle dieses Fahrzeuges stellten eine Sonderbauart der Esslinger Konstrukteure dar, wobei eine auf Roman Liechty (Schweiz) zurückgehende Achssteuerung SIG-VRL mit im Gleisbogen sich radial einstellenden Radsätzen den Verschleiß an Rad und Schiene deutlich herabsetzen konnte. Auf das Gesamtsystem sind Liechty (DBP 810991 und 837711), der Schweizerischen Industrie-Gesellschaft SIG (Schweizer Patent 183368) und der Maschinenfabrik Esslingen (DBP 850624) Schutzrechte erteilt worden.
Das im übrigen mit Viergang-Stufen- und Mylius-Wendegetriebe ausgestattete Regelspur-Triebfahrzeug wies 17 m Drehzapfenabstand und 3500 mm Drehgestellradstand auf. Das Betriebsgewicht belief sich auf 41,5 t. ▼

1940

Kühlmaschinenwagen Nr. 12002
(Gattungsbezirk Berlin) Gkkwhs
für die Deutsche Reichsbahn

Die weiß gestrichenen Kühlwagen wurden überwiegend zum Transport höherwertigen Kühlgutes mit Temperaturen um + 3° C und von Gefrierkost mit Kältegraden bis – 20° C eingesetzt.
Die Wagenwände, Dächer und Böden sind mit geeigneten Wärmeschutzstoffen isoliert, um die verlangten Kühl- und Gefriertemperaturen während des Transports zu halten. Die unter dem Sammelbegriff „Thermoswagen“ gekennzeichneten Fahrzeuge hatten außerdem Einrichtungen zum Umwälzen der Luft im Laderaum, aber auch für Bedarfsfälle Heizeinrichtungen für den Transport kälteempfindlicher Güter im Winter.
Unser Bild zeigt einen Kühlmaschinenwagen mit maschineller Kühlung. Dieser Wagen wurde von der ME gebaut, die bekanntlich eine eigene Kältemaschinen-Abteilung besaß. Die Kältemaschine wurde bei solchen Fahrzeugen in der Regel von einem an der Wagenstirnwand angeordnete Dieselmotor angetrieben. Das Ladegewicht des 19 880 kg schweren Wagens betrug 15 000 kg (Tragfähigkeit 17 500 kg). Die Länge über Puffer war mit 11 700 mm, der Achsstand mit 7 200 mm und die Ladefläche mit 21,8 m² bemessen. Die Fußboden-Isolierung bestand aus Korkschrot. Die Luftumwälzung geschah durch Motorlüfter.

1940

Rollbock mit Hohlträgerrahmen

für Schmalspurbahnen

Dieser Rollbock aus der letzten Entwicklungsperiode vor 1945 erhielt eine Hohlträgerstruktur mit geschweißtem Tragrahmen und Querträger. Nur die Verschleiß- und Austauschteile sind verschraubt oder mit Bolzen und Splinten versehen.
Die Konstrukteure dieser Bauart legten die Radstände für 1 000 mm Spurweite im allgemeinen auf 1 200 mm, für 750-mm-Spur jedoch auf 1 100 mm fest.
Solche mit durchgehender Bremsleitung ausgestatteten Rollböcke waren für fast alle Regelspurwagentransporte geeignet, wenn der Achsstand der aufzubockenden Wagen mindestens 1 800 mm betrug. Hersteller der Vollräder war das Grusonwerk Magdeburg der Fried. Krupp AG.

1941

Schmalspur-Rollbock

für die Deutsche Eisenbahn-Betriebs-Gesellschaft

Laut einer Archiv-Notiz handelt es sich hierbei um die letzte Esslinger Rollbock-Konstruktion vor Kriegsende 1945. Der technisch hervorragend ausgerüstete Meterspur-Rollbock, konstruktiv auch für andere Spurweiten vorgesehen, besaß eine Luftsaugebremse und durch Schraubspindeln verstellbare Zangenöffnungen. Rahmen und Traverse sind elektrisch geschweißt.
Das zweiachsige Fahrzeug ist in der Lage, aufgeladene Regelspurwagen bis zu 20 t Achsdruck aufzunehmen.

1941

Offener Güterwagen, Gattung Ommru
für die Deutsche Reichsbahn

Die offenen Güterwagen, zunächst der Gattung Om, zählten zu den ersten im Austauschbau hergestellten Güterwagen der Reichsbahn.
Die danach im Jahre 1940 entstandenen Omm-Wagen mit mehr als 20 t Tragfähigkeit hatten ein Eigengewicht von knapp 11 t. Die ersten ihrer Bauart wurden in den Gattungsbezirken Linz und Villach zusammengefaßt. Der abgebildete, im Jahre 1941 von der Maschinenfabrik Esslingen gebaute Güterwagen ist bereits serienmäßig mit geschweißtem Untergestell geliefert worden. Der Unterrahmen erhielt ein räumliches Sprengwerk, das die äußere Umrißform einer vierseitigen Pyramide (mit Spitze nach unten) besaß.

Der gezeigte Wagen war ein sogenanntes Umsetzfahrzeug zum Übergang auf russische Breitspur. Das Ladegewicht belief sich auf 20 t bei einer Tragfähigkeit von 21 t.
Mit einem Achsstand von 6 000 mm (Länge über Puffer 10,1 m) ließ die Reichsbahn diese Wagen für 75 km/h Höchstgeschwindigkeit zu.
Die rotbraun gestrichenen Wagen mit Einheitsradsätzen (1 000 mm Laufkreisdurchmesser) sind, bei abgenommenen Seitenwänden, mitunter auch zum Transport von Panzerfahrzeugen der Wehrmacht herangezogen worden.

1942

Schwebebahnfahrzeuge, Bauart 1950

für die Schwebebahn Wuppertal

Die maximal um 15 Grad nach jeder Seite freipendelnd aufgehängten, einschienigen Schwebebahnfahrzeuge der frühen Bauarten 1898 (Probewagen), 1900 und 1903 wurden erstmals von der Waggonfabrik Van der Zypen & Charlier im September 1898 gebaut. Die folgenden, für den öffentlichen Fahrgastverkehr zugelassenen Wagen (Bauarten 1900 und 1903), sind dann mehrfach den jeweiligen Betriebsbedürfnissen angepaßten Konstruktionsänderungen unterworfen worden. Der für die Wagen der Bauart 1903 vorgesehene Dreiwagen-Zugbetrieb bewährte sich nicht und wurde abgeschafft, so daß es beim Zweiwagen-Zugbetrieb blieb.

Die Maschinenfabrik Esslingen, die bereits jahrzehntelang Erfahrungen im Bau von Standseilbahn- und Kabelstraßenbahn-Wagen hatte und sich in den vierziger Jahren mit der Entwicklung von Leichttriebwagen befaßte, konnte sich in die Planungsarbeiten für neue Wuppertaler Schwebebahnwagen einschalten. Noch in den letzten Jahren des Zweiten Weltkrieges begannen in Esslingen die Konstruktionsarbeiten für ein neues leichtes Schwebebahnfahrzeug, das Bewährtes und Neues in sich vereinigte. Den Bau dieser mit Bauart 1950 bezeichneten Schwebebahnfahrzeuge übernahmen dann Westwaggon in Köln-Deutz (Wagenteil) und die Siemens-Schuckertwerke (elektrische Ausrüstung).

1943

Offene Güterwagen Nrn. 341 und 342

für die Mitteldeutschen Stahl- und Walzwerke Friedrich Flick KG, Brandenburg/Havel

Zweiachsige offene Güterwagen in Ganzstahl-Bauweise waren in der deutschen Schwerindustrie vielseitig verwendbare Transportmittel. Hier ist ein Beispiel für eine Lieferung robuster 11 300 kg schwerer Wagen mit einem Ladegewicht von je 30 t. Bei 4 500 mm Radstand hatte man eine Ladefläche von 19,0 m² zur Verfügung. Die Wagen erhielten eine durchgehende Druckluftleitung und Rangierer-Tritte.

1946

Umbau des Diesel-Schnelltriebzuges 137 232 a/b

der Deutschen Reichsbahn-Gesellschaft

Hier haben wir es mit einem Rückblick in die große Zeit der von der Reichsbahn eingesetzten „Fliegenden Züge“ (Bauarten Hamburg, Leipzig, Köln und Berlin) zu tun. Dieser im Jahre 1936 von der WUMAG in Görlitz abgelieferte, zweigliedrige Triebzug mit elektrischer Leistungsübertragung und 160 km/h Höchstgeschwindigkeit gehörte zum Typ Hamburg. Jene Gattung ist in den Relationen zwischen Berlin und den Städten Köln, Hamburg (Altona), Frankfurt (Main), München/Stuttgart (jeweils über Leipzig und Nürnberg) mit hervorragenden (Intercity-)Fahrzeiten eingesetzt worden.
Das abgebildete, nach Kriegsende von den amerikanischen Truppen beschlagnahmte Fahrzeug fiel nach kurzer militärischer Dienstzeit durch einen Schaden aus und wurde 1946 von Berlin nach Esslingen zur Ausbesserung und zum Umbau gebracht.
Damals befand sich übrigens auch das Schwester-Triebfahrzeug 137 227 in der Maschinenfabrik Esslingen.
Der Umbau des 137 232 (später VT 04 107) erstreckte sich im wesentlichen auf den Einbau von Tages- und Schlafabteilen, einer Küche, eines Speiseraumes und eines Aufenthaltsabteils mit Schreibtisch. Hinzu kamen im Wagen „b“ zwei weitere Schlafabteile, zwei größere Schlafsalons und Duschbäder.
Der umgebaute Triebzug diente danach weiterhin den US-Streitkräften (Standorte Berlin und Stuttgart) und wurde schließlich 1958 an die Reichsbahn der DDR verkauft, wo er nach längerer Dienstzeit im Jahre 1975 der Ausmusterung zum Opfer fiel.

1947

Schlafwagen 22064, Gattung WL4ü
für die Mitteleuropäische Schlaf- und Speisewagen-Gesellschaft m.b.H. (MITROPA)

Während des Zweiten Weltkrieges war von einer planmäßigen Erhaltung der Eisenbahnfahrzeuge kaum noch die Rede. Mit fortschreitender Kriegsdauer wurde die Deutsche Reichsbahn das bevorzugte Ziel von Bombenangriffen, die sich vor allem auf die Bahnhöfe konzentrierten, womit die Fahrzeugbestände die schwersten Einbußen erlitten. Mit einer solchen erschreckenden „Konkursmasse" des Krieges, die sich 1945 in Restdeutschland befand, mußte der Aufbau gewissermaßen aus dem Chaos beginnen.
Der Werkstättenaufwand schwoll auf eine nie dagewesene Höhe an. Die gewaltigen Wiederaufarbeitungsanstrengungen glichen fast einem Neubau und überstiegen naturgemäß die Kapazitäten der Eisenbahn-Ausbesserungswerke. Es mußte die Waggon-Industrie zuhilfe genommen werden, die damit gleichzeitig eine Ersatzbeschäftigung für fehlende Neubau-Aufträge hatte.
Die Maschinenfabrik Esslingen war in beträchtlichem Umfang an der Lokomtoiv- und Schadwagen-Wiederaufarbeitung beteiligt. Die ausgebesserten Wagen konnten als fast neuwertig bezeichnet werden, so daß die Bundesbahn diesem Rollmaterial eine Lebensdauer von noch 15 bis 20 Jahren zubilligen konnte.
Ein Beispiel aus dem Reparaturprogramm der Maschinenfabrik Esslingen ist dieser fabrikneu hergerichtete und modernisierte Mitropa-Schlafwagen Nr. 22064, Gattung WL4ü. Bei einer Länge über Puffer von 23 500 mm erhielt er 11 Abteile (22 Plätze) und eine Kunze-Knorr-Schnellzugbremse (Kksbr) für 70,2 t Bremsgewicht in Stellung „S". Das Eigengewicht des Wagens betrug 53,3 t. Sein Drehzapfenabstand maß 16 180 mm.

1948/1950

Reisezug- und Postwagen-Wiederaufarbeitung

für die Eisenbahnen und Postverwaltung des amerikanischen und britischen Besatzungsgebietes und der späteren Deutschen Bundesbahn

Wegen Überlastung der deutschen Wagen-Ausbesserungswerke war eine planmäßige Wiederaufarbeitung von Kriegsschad- und Unfallwagen nicht mehr gewährleistet. Die für die Instandsetzungen herangezogene Waggon-Industrie richtete für die Groß-Ausbesserungen, besonders für die Wagen der Schwerschadgruppe 5, spezielle Arbeitsverfahren ein und führte auftragsgemäß auch gleichzeitig Modernisierungsarbeiten durch.
Die Waggon-Industrie hat solche Aufträge damals zwar gern übernommen, um ihre Mitarbeiter beschäftigen zu können und um das seinerzeit notwendige „Permit“ der Besatzungsmächte zur Wiederaufnahme der Neubau-Arbeit zu erlangen. Aber man betrachtete die Ausbesserung naturgemäß nur als Überbrückung bis zum Beginn des Neubaugeschäfts.
Das Werkfoto zeigt einen im neuen Glanz erstellten Bahnpostwagen 4-c/21,6 im Jahre 1950 im Werkgelände der Maschinenfabrik Esslingen. Der noch mit Drehtüren und Einheits-Dynamo-Beleuchtung der Bauart Pintsch ausgerüstete Wagen 5884 erhielt die Aufschrift der neuen Eigentümerverwaltung „Deutsche Bundespost“ mit dem neuen Posthorn-Symbol.
Die Postverwaltung der seinerzeitigen französischen Besatzungszone beschaffte übrigens ganz ähnliche Bahnpostwagen (Gattungen 4-b/21,6 und 4-a/21,6), die noch nach Vorkriegszeichnungen hergestellt wurden.

MAN
BENTHEIMER EISENBAHN A.G.

1951

Ein Konstruktionskonzept als Markenzeichen:

◀ Vierachsige Nahverkehrstriebwagen

für verschiedene deutsche nichtbundeseigene Eisenbahnen

Der Zeitpunkt für die Nachkriegsneubestellungen leistungsfähiger Triebwagen war kaum noch hinauszuzögern, als nach der Währungsreform der wachsende Omnibusverkehr auf der Straße dem schienengebundenen Nah- und Mittelstreckenverkehr einen harten Wettbewerb ansagte.
Die Maschinenfabrik Esslingen begann im Jahre 1949 auf Wunsch der Deutschen Eisenbahn-Gesellschaft (Frankfurt/Main) mit der Entwicklung eines neuen Triebwagen-Konzeptes, das nach seiner Realisierung dem ländlichen Verkehr, dem alltäglichen Berufs-, dem Sonntags- und Ausflugsverkehr gerecht werden mußte. Darüber hinaus sollten auch im erweiterten Vorortverkehr, wie beispielsweise bei der Farge-Vegesacker Eisenbahn im Wechselbetrieb nach Bremen Hauptbahnhof zur Bundesbahn, die Zubringerdienste bewältigt werden.
Es kam darauf an, möglichst viele der bisherigen Dampf-Personenzüge durch Triebwagen mit Bei- oder Steuerwagen zu ersetzen, so daß mindestens 300 PS Motorleistung erforderlich wurden. Die ersten dieser neuen Triebwagen erhielten zwei 150-PS-MAN-Motoren, Voith-Sinclair-Turbokupplungen und fünfstufige Mylius-Wechselgetriebe. Bei einer Länge über Puffer von 23 530 mm konnten die im Dienst 38,5 t wiegenden Triebfahrzeuge je nach Wagenklassen-Ausstattung bis zu 102 Sitzplätze erhalten.
Das Esslinger Konstruktionskonzept erfreute sich als „Markenzeichen" bald großer Beliebtheit und führte zu zahlreichen Bestellungen in Variationen, zum Beispiel mit 400-PS-Mercedes-Benz-Motoren, mit luftgekühlten Klöckner-Humboldt-Deutz-Maschinen, mit Hydromedia- oder mit Voith-Strömungsgetrieben. Man fand „Die Esslinger", wie sie inzwischen hießen, auf den Strecken der Bentheimer Eisenbahn AG, der Eisenbahngesellschaft Altona – Kaltenkirchen – Neumünster, der Bergedorf-Geesthachter Eisenbahn, der Deutschen Eisenbahn-Betriebsgesellschaft Hameln u. a. Unser Werkfoto des Jahres 1952 gibt den Blick frei in eine Esslinger Werkhalle mit Triebwagen für die Bentheimer Eisenbahn AG, deren Bau im Jahre 1951 begann.

1952

Fünfmal Maschinenfabrik Esslingen

bei den Stuttgarter Straßenbahnen

Auf der von der ME gebauten „Türkenbrücke" über der neuen Weinsteige in Stuttgart fuhren im Sommer 1952 der ME-Zahnradbahn-Triebwagen Nr. 101 (Baujahr 1935) mit dem ME-Vorstellwagen Nr. 120 (Baujahr 1900) und dem auf ME-Fahrgestell in den Straßenbahn-Werkstätten montierten Wagen Nr. 116 (Baujahr 1927). Unter der Brücke, die ursprünglich für eine türkische Eisenbahnverwaltung bestimmt war, kommt uns der ME-Straßenbahntriebwagen Nr. 721 (Baujahr 1929) mit zwei Anhängern entgegen. ▼

1952

Mittelwagen EM 56, Gattung AB4ym
der Deutschen Bundesbahn

Für die dreiteiligen elektrischen Triebzüge ET 56 der DB lieferte die ME die vierachsigen Mittelwagen.
Es waren 28 t schwere und 25 760 mm lange Fahrzeuge mit 2500 mm Drehgestellradstand und 930 mm Raddurchmesser. Die Achsformel lautete 2'2'.
Untergestell und Wagenkastengerippe bildeten eine selbsttragende und verwindungssteife Kastenkonstruktion in kombinierter Schalen- und Spantenbauweise. Die Schwenk-Schiebetüren ließen sich, zentral gesteuert, pneumatisch schließen. Im Fahrgastraum gab es 24 Sitzplätze 1. Klasse und 72 Sitzplätze 2. Klasse.
Die Drehgestelle, Bauart Fuchs, wurden in leichter Blechträgerstruktur mit innerhalb des Rahmens liegenden Achslagern und tief angeordneter Drehzapfenführung hergestellt.
Die dreigliedrigen Triebzüge ET 56 hatten eine Länge über Kupplung von 79 970 mm. In ihrer Lieferung stellten sie eine Gemeinschaftsleistung der Firmen Fuchs-Waggonbau (Heidelberg), Maschinenfabrik Esslingen, J. Rathgeber AG (München) und Brown, Boveri & Cie (Mannheim) dar.

1952

Straßenbahn-Gelenktriebwagen Nr. 3, Typ GT 6

für die Stuttgarter Straßenbahnen AG

Der Entwurf des 25 m langen sechsachsigen Gelenktriebwagens GT 6 im Jahre 1952 stellte den ersten Stuttgarter Nachkriegsversuch dar, die Nachteile des starren Vierachsers, dessen Länge beim Befahren von Gleisbögen auf etwa 14 m begrenzt werden müßte, zu eliminieren.
Die Maschinenfabrik Esslingen baute zunächst einen, die Waggonfabrik Fuchs in Heidelberg zwei der neuen Sechsachser. Für den Antrieb des Esslinger Gelenktriebwagens Nr. 3 sorgten vier 48-kW-Motoren.

Im Jahre 1958 bauten die Esslinger zwei weitere dieser 25 m langen Riesen (Nrn. 4 und 5), jedoch mit nur zwei Triebmotoren, aber mit doppelter Leistung.
Für alle diese Wagen, die wegen ihrer Dimensionen und wegen ihres beträchtlichen Seitenausschlages in den Gleiskrümmungen nicht auf allen Strecken verkehren konnten, herrschte das Prinzip des Fahrgastflusses.

1952

Dreigliedriger Diesel-Treibzug

für die Türkischen Staatsbahnen (TCDD)

Im Jahre 1952 wurden in Zusammenarbeit der Maschinenfabrik Augsburg-Nürnberg (Generalunternehmer), der Maschinenfabrik Esslingen, der Waggonfabriken Düsseldorf (Düwag) und der Vereinigten Westdeutschen Waggonfabriken (Westwaggon) insgesamt 16 dreiteilige Triebwagenzüge mit hydraulischer Leistungsübertragung in die Türkei geliefert. Die gemeinschaftlich entwickelten und gebauten 70 930 mm langen und leer 134 t wiegenden Züge sind bei 125 km/h Höchstgeschwindigkeit vor allem zwischen Ankara und Haydarpaşa eingesetzt worden.

Untergestell und Kastengerippe wurden in geschweißter Profilblechbauweise konstruiert. Die Polstersitze der einzelnen Fahrgasträume bekamen jeweils andersfarbene Kunstlederbezüge. Eine Mahagoni-Seitenwand-Auskleidung und die hellen Ahorn-Decken steigerten das Gefühl einer angenehmen Reise-Atmosphäre. Zur komfortablen Ausstattung gehörten außerdem Küche, Bar und Speiseraum.

Jeder Zug der Achsfolge B'2 + 2'2' + 2'B besaß eine Antriebsleistung von zweimal 550 = 1100 PS, Voith-Turbogetriebe und Voith-Kühlanlage. Einer der fabrikneuen Züge steht hier vor der Fassade der Halle für mechanische Fertigungen im Hof der Maschinenfabrik Esslingen.

1953

Vierachsiger Reisezugwagen, Gattung C4ymg b-51

für die Deutsche Bundesbahn

Diese 26,4 m langen Reisezugwagen mit Mittel- und End-Einstiegen dienten hauptsächlich dem Eilzug- und Nahverkehr. Der damals neuartige Übergang mit Gummiwulst und breiten Übergangsbrücken ermöglichte das Kuppeln zweier Wagen bei nur 300 mm Wagenkastenabstand. Die Stirnwandtüren bestanden aus vierflügeligen Falttüren, die nach dem Kuppeln der einzelnen Wagen, nach innen aufschlagend, sich an die Stirnwand legten und ständig offen blieben.

Für die Zugvorrichtung wurden Evolut-Federn, für die Hülsenpuffer Ringfedern bei 600 mm breiten und abgeflachten Puffertellern verwendet.
Die Wagen wurden mit Drehgestellen der Bauart Minden-Deutz und mit einer Rippenrohr-Frischdampfheizung ausgerüstet. Zusätzlich war eine elektrische Heizung vorgesehen. Die Bremseinrichtung bestand aus der Hildebrand-Knorr-Bremse (Hikp 14") und der in jedem Drehgestell eingebauten Doppelklotzbremse. Die Bremszylinder waren im Wagen-Untergestell angeordnet.

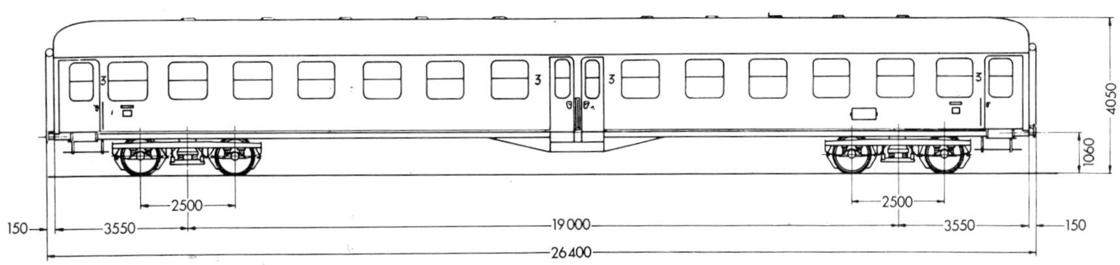

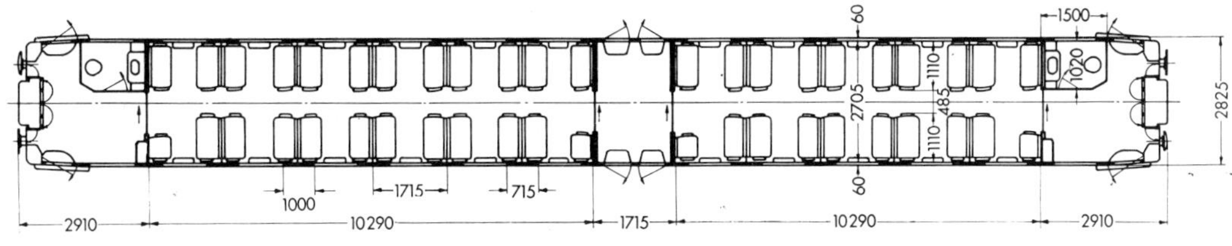

1954

Steuerwagen ESA 176

zum Akkumulatoren-Triebwagen ETA 176
der Deutschen Bundesbahn

Nach fünfundzwanzigjähriger Unterbrechung seit der Reichsbahn-Beschaffung hatte die Deutsche Bundesbahn im Jahre 1952 wieder den Bau von Akkumulatoren-Triebwagen veranlaßt. In windschnittiger Form und eleganter Ausrüstung waren diese neuen Fahrzeuge den seinerzeitigen Triebwagenkonstruktionen ebenbürtig. Die 27 m langen Bo'2'-Triebwagen besaßen zwei Gleichstrom-Tatzlagermotoren mit je 100 kW Stundenleistung und 90 km/h (später 100 km/h) Höchstgeschwindigkeit. Die Akkumulatorenkapazität reichte für einen Aktionsradius von 220 bis 300 km je Tag, was den Fahrplänen des damaligen Nah- und Eilzugverkehrs durchaus entsprach.
Dank der Spanten- und Schalenbauweise konnte ein Gesamtgewicht von nur 55,6 t eingehalten werden, wovon die Batterien 19,6 t sowie die elektrische Ausrüstung, Heizung und Beleuchtung 4,6 t erforderten.
Um dem Verkehrsaufkommen besser gerecht zu werden, gab die DB zusätzlich mehrere 27 m lange und nur 28 t wiegende Steuerwagen mit 96 Sitzplätzen 2. Klasse in Auftrag. Damit konnte das Umsetzen des Triebwagens (12 Sitzplätze 1. Klasse und 60 Sitzplätze 2. Klasse) im Wendebahnhof fortfallen. Die Steuerwagen erhielten 900 mm Raddurchmesser und 19 000 mm Drehgestellmittenabstand. Lieferer waren die Maschinenfabrik Esslingen gemeinsam mit der Waggon- und Maschinenfabrik Donauwörth (WMD).
Ursprünglich nur mit Sicherheitsfahrschaltung (SIFA) ausgerüstet, bekamen die später in die Baureihen 517 (Triebwagen) und 817 (Steuerwagen) umgenummerten Fahrzeuge nachträglich die induktive Zugbeeinflussung (INDUSI) und Zugbahnfunk. Unser Foto zeigt einige der Steuerwagen in der Lackiererei der ME. Die Zeichnung enthält die Hauptdaten.

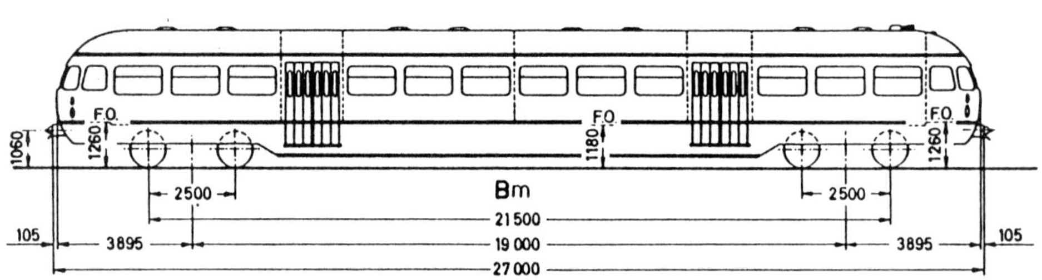

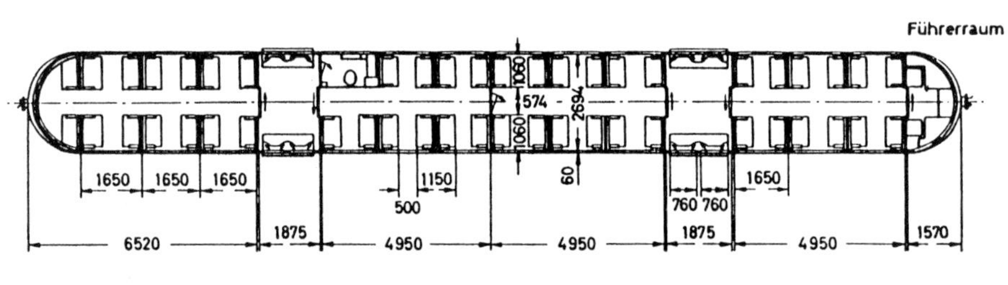

1955

Der am stärksten Vertretene:

Zweiachsiger gedeckter Güterwagen, Gattung Glmhs 50

für die Deutsche Bundesbahn

Die gedeckten, langen zweiachsigen Güterwagen Glmhs 50 sind in mehr als 10 000 Einheiten während der fünfziger Jahre von der DB beschafft worden. Hinzu kamen noch 1888 Wagen mit durchgehender elektrischer Heizleitung (Glmehs 50). Das lange Zweiachsfahrzeug war eine Variante des Gmhs 53 und um rund 2 m länger. Im übrigen entsprachen die sonstigen Abmessungen, der Aufbau und die Ausrüstungen dem ähnlichen UIC-Einheitstyp.

Das Laufwerk mit Doppelschakengehänge besaß Rollenlager-Radsätze der Bauart 88 mit gewalzten Vollrädern. Das Untergestell bestand aus stählernen Walzprofilen und Langträgern des Profils U 24.

Die Wagen erhielten eine Druckluftbremse KE-P mit Last- und Zugart-Wechsel, Bremsgestängesteller und Ausgleichbremsgestänge. Eingebaut wurde eine durchgehende Zugeinrichtung. Die Hülsenpuffer mit Ringfedern (75 mm Hub) wurden für eine Endkraft von 25 t ausgelegt.

Der Zweiachser Glmhs 50 (Glmehs 50) war in den fünfziger Jahren die am stärksten vertretene Güterwagen-Bauart im Neubauprogramm der Deutschen Bundesbahn. Einige der Hauptdaten des von der Maschinenfabrik Esslingen gelieferten Wagentyps Glmhs 50, der auch von anderen Waggonfabriken gebaut worden ist, sind: Eigengewicht 12 100 kg, Laderaum etwa 73 m³, Ladelänge 11 210 mm und Ladebreite 2720 mm. Die zulässige Höchstgeschwindigkeit durfte 100 km/h betragen. Es waren aber auch 120 km/h erlaubt, wenn die Revision nicht länger als ein Jahr zurücklag. Die Lastgrenzen beliefen sich auf 19,5 t (A) und 21,0 t (B und C). (A) galt für eine Achslast von 16 t, (B) für 18,0 t und (C) für 20 t. Wurden die Wagen in Züge mit 100 km/h Fahrgeschwindigkeit eingreiht, dann ließ man als Lastgrenzen für den (B)- und (C)-Bereich nur 20,0 t zu.

Unsere Maßzeichnung stellt den Wagen der Bauart Glmhs 50, das Foto einen Wagen der späteren Bauart Glmmhs 57 dar.

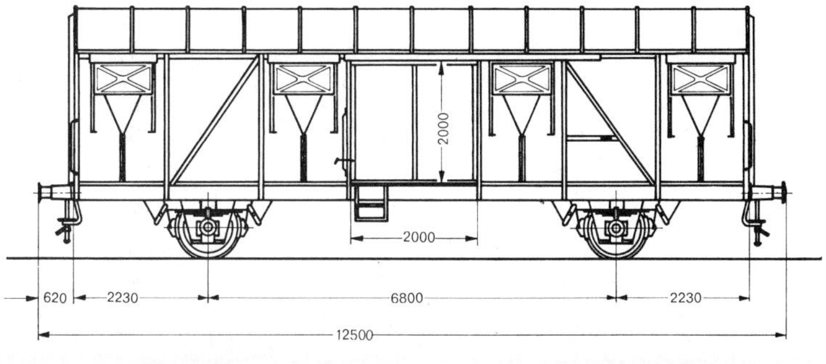

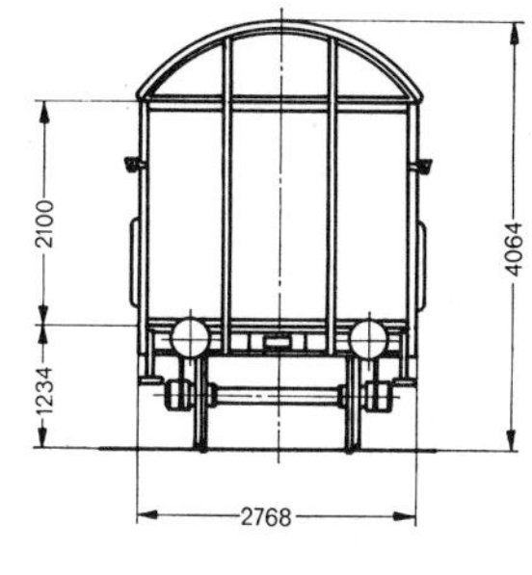

1958

Straßenbahn-Gelenktriebwagen, Typ GT 4
für die Stuttgarter Straßenbahnen AG

Die Maschinenfabrik Esslingen legte im Jahre 1958 den Entwurf des 18 m langen vierachsigen Gelenktriebwagens GT 4 vor. Charakteristisch für dieses Projekt war die Verwendung von nur zwei Drehgestellen, auf die sich, gemäß einer vorbestimmten Gleisbogen-Geometrie, ein Gelenkträger gleitend abstützte, wobei die beiden 100-kW-Fahrmotoren im Gelenkträger aufgehängt waren und der Antrieb über Kardanwellen auf zwei der vier Radsätze erfolgte. Man konnte in Doppeltraktion mit einer Antriebsleistung von insgesamt 400 kW fahren. Von 1959 bis 1965 sind 350 solcher Fahrzeuge allein für Stuttgart geliefert worden. In Bildmitte ist der GT 4 (Nr. 546) mit Einholm-Stromabnehmer zu sehen.

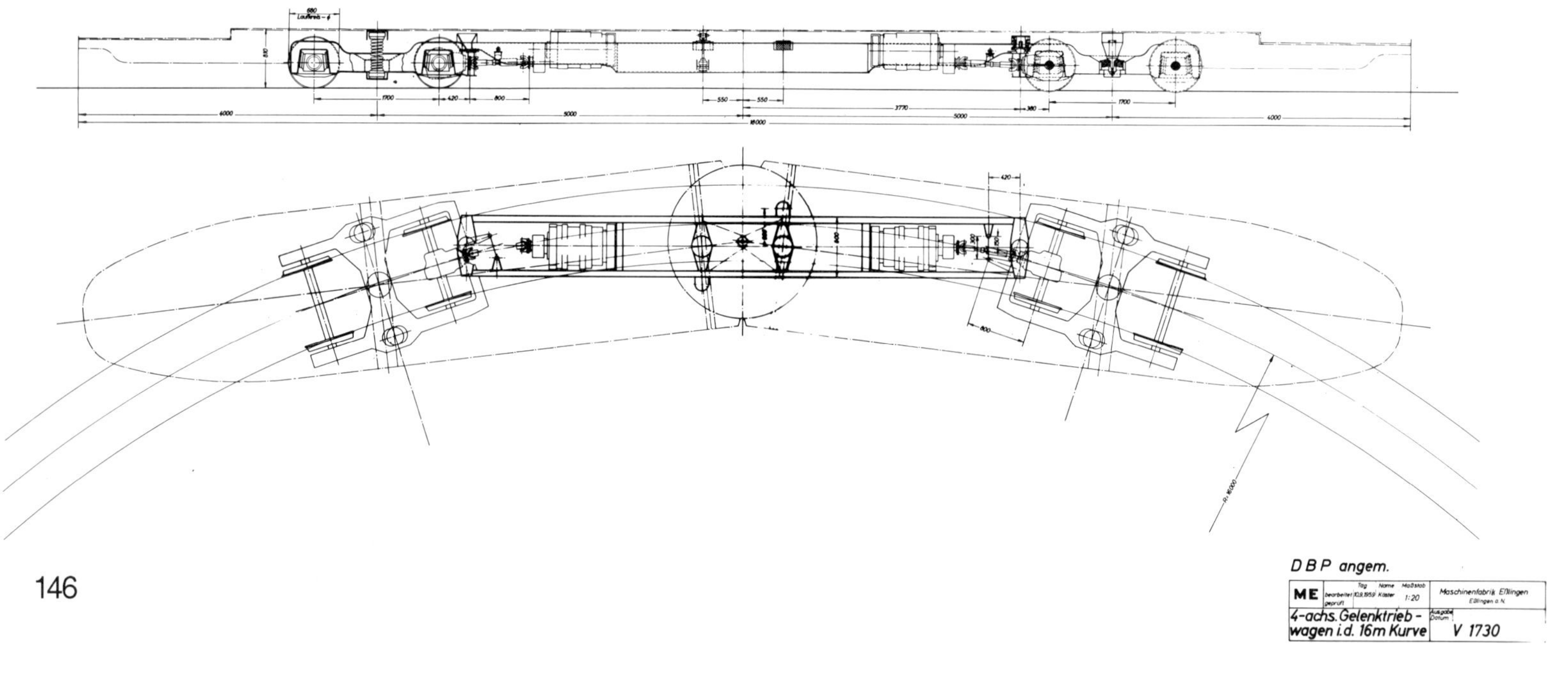

1951/1952

Drehgestelle mit Achsgenerator
für die Deutsche Bundespost

Die im Jahre 1951 einsetzende Nachkriegs-Neuentwicklung vierachsiger Bahnpostwagen sollte Fahrzeuge hervorbringen, die eine um etwa 10 t niedrigere Eigenmasse aufwiesen als die älteren Bahnpostwagen gleicher Größe. Die sich am Reisezugwagenbau der Bundesbahn orientierende Neukonstruktion ging vom unbefriedigenden Riemenantrieb der Lichtmaschinen ab und entschied sich für den am Drehgestell angeordneten Achsgenerator mit Kardanantrieb, womit sie sogar den Bundesbahn-Reisezugwagen voraus war. Die verwendeten Drehgestelle der Bauart Minden-Deutz (Achsstand 2500 mm) erhielten außerdem verstärkte Federn und Stoßdämpfer.
Die neuen Bahnpostwagen wurden unter Leitung des Posttechnischen Zentralamtes von einer Konstruktionsgemeinschaft der Firmen Maschinenfabrik Esslingen, Gebr. Credé, Linke-Hofmann-Busch, Westwaggon, Talbot und einiger anderer entwickelt und gebaut. Unser Foto entstand auf dem Werkhof der ME.

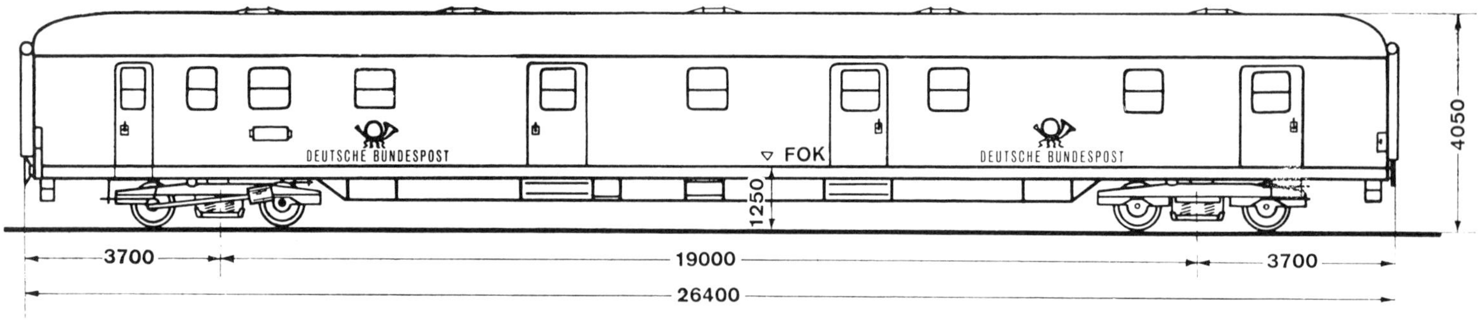

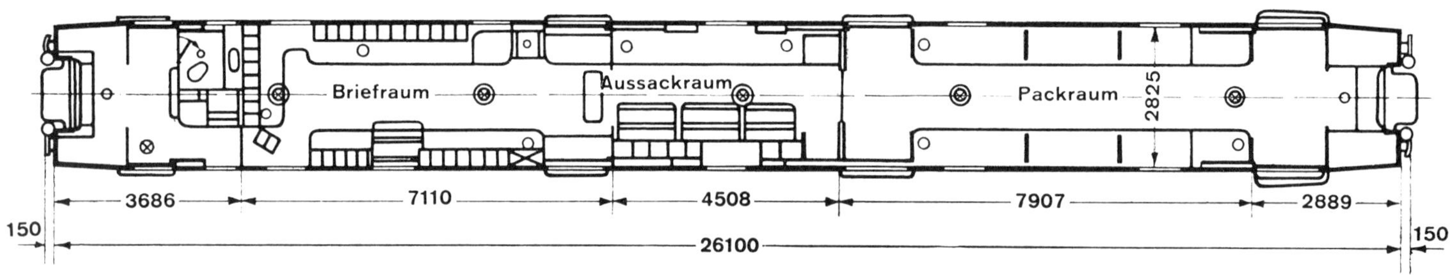

1955/1956

Vierachsiger Bahnpostwagen, Gattung 4mg-bl/26

für die Deutsche Bundespost

Unsere Maßzeichnung enthält die Hauptabmessungen der von der Maschinenfabrik Esslingen gelieferten 26,4 m langen Bahnpostwagen. Die Wagen erhielten auf jeder Seite drei Ladeschiebetüren und eine Einstiegtür in Leichtmetall-Konstruktion mit Post-Einheitstürschlössern.

Die Innenausstattung bestand aus Brieffachwerken, Päckchenfachwerken mit Sortiertischen, Aussacktischen, Briefkorbschrank, Wertschrank, Schalttafelschrank, Gepäcknetzen über den Ladetüren, Packgestänge im Dachraum und Beutelspannwerken sowie WC und Waschbecken.

Die 24-Volt-Beleuchtungsanlage wurde über eine zwölfzellige Panzerplattenbatterie von einem kardangetriebenen Achsgenerator versorgt.

Die für ein Ladegewicht von 25 000 kg (Tragfähigkeit 26,5 t) ausgelegten Wagenkästen waren in geschweißter Profilstahlkonstruktion in selbsttragender Schalenbauweise aufgebaut, wobei die sogenannten Schürzen in die Tragkonstruktion mit einbezogen worden sind.

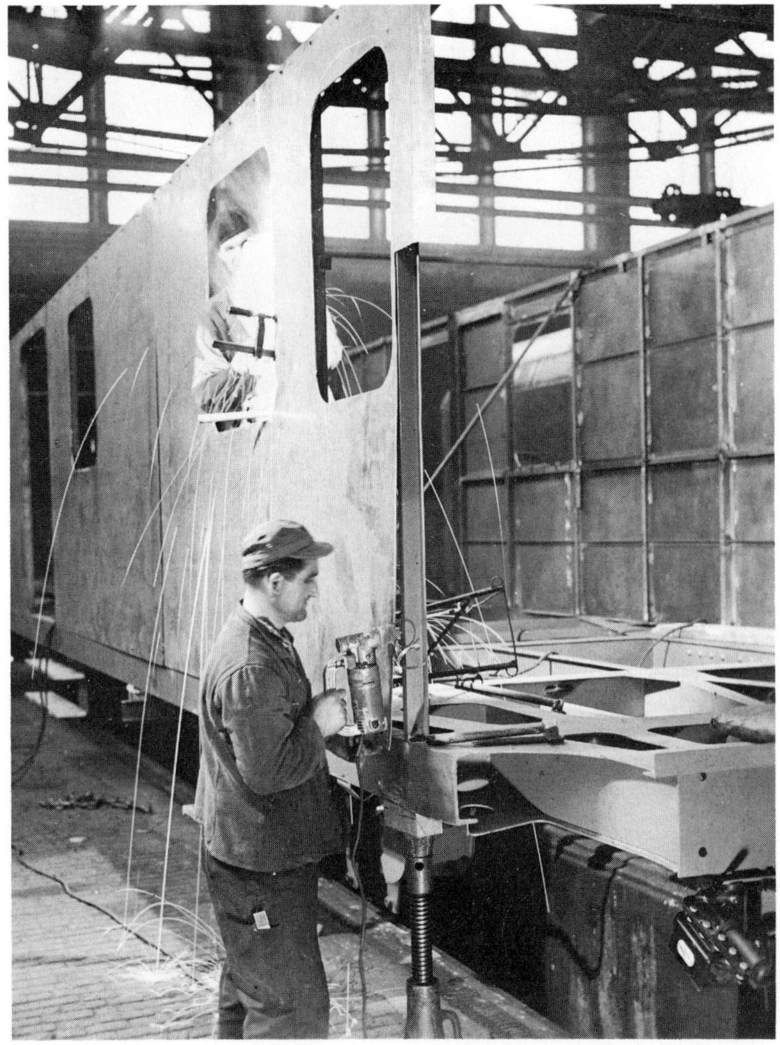

1954

Wagenkasten-Strukturen in der Fertigung

Mit der Einführung der Schweißtechnik entstanden schon frühzeitig formschöne Leichtbauweisen, die gegenüber der vorherigen Fahrzeugtechnik erhebliche Gewichts- und Arbeitszeiteinsparungen brachten.
Beim Entwurf richteten die Esslinger Konstrukteure ihr erhöhtes Augenmerk auf die kritischen Beanspruchungen, beispielsweise Knicken, Biegen und Ausbeulen. Die statischen Berechnungen wurden weitgehend durch experimentelle Untersuchungen ergänzt. In der Regel wurde jedes neu entwickelte Fahrzeug einem Belastungsversuch unterworfen. Mit Hilfe der ermittelten Meßwerte konnten die Vorausberechnungen überprüft und die Art und Größe der Formänderungen erfaßt werden, um ein klares Bild über das Verhalten des Wagenkastens unter Last zu gewinnen.

1955

Szenen aus dem Waggonbau

In Esslingen wurden die verschiedenen Wagenkästen aus leichten Walzträgern elektrisch zusammengeschweißt. In der Fertig-Struktur bildeten dann der Unterrahmen mit den gerichteten Seitenwänden und dem Dach ein gemeinsam tragendes Kastensystem. Das Eigengewicht solcher Rohbau-Wagenkästen hing überwiegend von den zugrunde gelegten statischen Druckkräften ab, die erfahrungsgemäß auch eine ausreichende dynamische Festigkeit garantierten.

Das rammfeste Untergestell mit seinem Wellprofilboden erhielt eine genügend hohe Diagonalsteifigkeit und wurde mit den drei Baugruppen – Seitenwände, Dach und Stirnwände – nach vorausbestimmtem Schweißfolgeplan, unter weitgehender Ausschaltung

von Verwerfungen durch Schweißspannungen, zum Wagenkasten zusammengefügt.
Die Wagenkastenstrukturen sind hochgradig unbestimmte Systeme, die sich exakt nur mit einem großen Rechenaufwand, damals noch ohne Computer-Methoden, mathematisch lösen ließen. In der Maschinenfabrik Esslingen wurde hierfür von Charles W. Fabry ein Annäherungsverfahren gefunden, das mit ausreichender mathematischer Genauigkeit und mit Erfolg praktiziert worden ist.
Unsere Wagenbau-Szenen entstanden während der Produktion der 1000-PS-Diesel-Triebzüge für die Israel Railways.

FObK
950
790
1600
2500
10000
2500
15760
900
480
2454
900
Kl
Kl
Kl
Kl
1175
25
2270
1505
1220
1305
195
1500
7490
1245
1175

1956

◀ **Dieseltriebwagen und Beiwagen**

für verschiedene spanische Schmalspurbahnen

Die Maschinenfabrik Esslingen konstruierte und baute in den Jahren 1956/57 im Auftrag des Ministero de Obras Publicas, Madrid, eine größere Anzahl von schmalspurigen B'B'-Triebwagen mit 2'2'-Beiwagen (915 mm und 1000 mm Spurweite) für die Cia. Gen. de Ferrocarriles Catalanes SA Barcelona, für die Ferrocarril de Santander a Bilbao SA und für die Ferrocarriles de Mallorca a Palma de Mallorca.

Die doppelte Büssing-Unterflur-Maschinenanlage leistete je Triebwagen zweimal 150 = 300 PS bei 1500 U/min. Sie arbeitete über ZF-Hydro-Media-Getriebe, Gelenkwellen und Renk-Achsgetriebe auf die vier Radsätze der beiden Drehgestelle. Alle gelieferten Fahrzeuge erhielten wiegenlose Drehgestelle mit mittlerem, gummigelagertem Drehzapfen und seitlich angeordneten Doppel-Elliptik-Pendelfedern.

Die für 75 km/h Plangeschwindigkeit ausgelegten B'B'-Trieb- und 2'2'-Beiwagen hatten eine Länge über Puffer von 15 760 mm, einen Drehzapfenabstand von 10 000 mm, einen Drehgestellradstand von 1600 mm und eine Wagenkastenbreite von 2554 mm. Für die stählernen Wagenkästen wurde eine möglichst leichte, geschweißte und selbsttragende Konstruktion gewählt.

Die Triebwagen erhielten 46 Sitzplätze (dazu 8 Klappsitze für Bedarfsfälle), die Beiwagen hatten 48 Sitzplätze und zusätzliche 8 Klappsitze. Sowohl die 25 t schweren Triebwagen als auch die nur 16 t wiegenden Beiwagen waren mit Gepäckraum und WC ausgestattet.

Unsere Zeichnung stellt den Motorwagen mit Unterflur-Maschinen- und Behr-Kühlanlage dar. Das Foto zeigt den Trieb- *und* Beiwagen.

1957 ▲

Rollenlager-Radsätze, Bauart 88

für Güterwagen der Deutschen Bundesbahn

Für zahlreiche von der Maschinenfabrik Esslingen gelieferte Regelspur-Wagen wurden Rollenlager-Radsätze der Bauart 88 verwendet, beispielsweise für die Güterwagen der Gattungen Ommi 51, Glmhs 50, Otmm 57 und Otmm 64.

Die Hauptmerkmale dieser Radsatzbauart waren:

Achsschenkel-Mittenentfernung	2000 mm
Laufkreisdurchmesser	1000/950 mm
Nabensitzdurchmesser	185 mm
Achsschenkel-Durchmesser	120 mm
Zulässige Radsatzlast	20 t

Das Foto zeigt von der Deutschen Bundesbahn als sogenannte Beistellteile angelieferte Radsätze im Radsatzlager der Maschinenfabrik Esslingen. Im vergangenen Jahrhundert hatte die ME die Radsätze größtenteils selbst hergestellt. Später ließen sich Lokomotiv- und Wagenradsätze in großen Stückzahlen rationeller in spezialisierten Werken fertigen, darunter die Schwäbischen Hüttenwerke (SHW), der Bochumer Verein für Gußstahlfabrikation, Fried. Krupp in Essen, die Gutehoffnungshütte und andere.

1957

Zweiachsige Muldenkippwagen, Bauart Ommi 51
für die Deutsche Bundesbahn

Im Jahre 1951 führte die DB einen von Orenstein & Koppel entwickelten Muldenkippwagen ein, der sich bei den Westfälischen Landeseisenbahnen recht gut bewährt hatte.
Der Wagen besaß fünf nach beiden Seiten kippbare Mulden, aus denen das Ladegut unmittelbar in Straßenfahrzeuge, über Bunkermauern und Grubenbehälter entladen werden kann. Die aus Stahl St 52 geschweißten Mulden folgen einem kinematisch vorzüglich durchdachten Abrollvorgang, hatten jedoch eine weniger vorteilhafte hohe Schwerpunktlage.

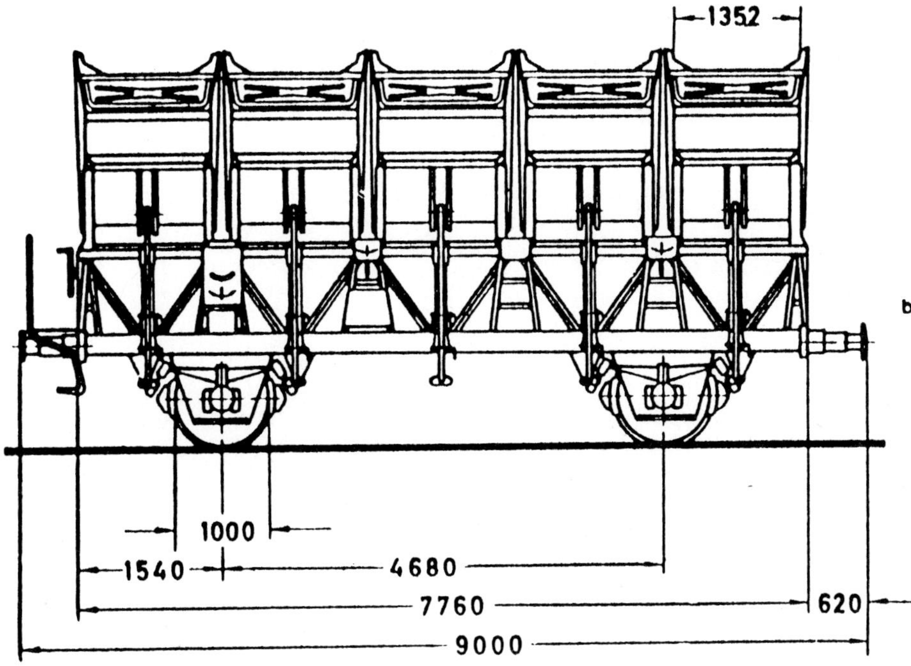

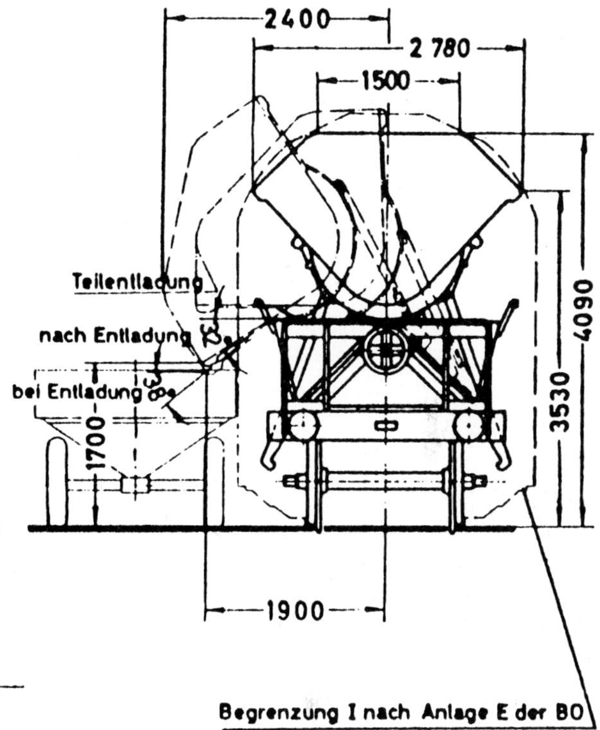

Das Untergestell und die Gesamtkonstruktion wurden nahezu unverändert in die in Auftrag gegebenen DB-Fahrzeuge übernommen. Die entleerte Mulde rollte in die Ausgangsstellung zurück, wobei die Muldensicherung selbsttätig einrastete.
Die von Orenstein & Koppel und der Maschinenfabrik Esslingen gebauten Wagen Ommi 51 erhielten Doppelschaken-Aufhängung und Rollenlager-Radsätze der Bauart 88.
Bis zum Frühjahr 1964 waren bereits 3 250 dieser Wagen ausgeliefert oder bestellt.

Die von der Maschinenfabrik Esslingen im Jahre 1957 gebauten Wagen hatten einen Laderaum von fünfmal 4,4 m^3 = 22 Kubikmeter, ein Eigengewicht von 12,6 t und folgende Lastgrenzen: 19,0 t, (A), 23,0 t (B) sowie 27,0 t (C). Die Fahrzeuge wurden für 80 km/h Höchstgeschwindigkeit zugelassen.
An den Lieferungen beteiligten sich außerdem auch die Deutschen Industrie-Werke Berlin-Spandau, die Deutschen Waggon- und Maschinenfabriken (DWM) in Berlin-Borsigwalde und einige andere Firmen.

1957/1958

Zweiachsige Selbstentladewagen, Gattungen Otmm 57 und Otmm 64

für die Deutsche Bundesbahn

In Anlehnung an die Bauart der Schotterwagen wurde der für nahezu alle Schüttgüter gedachte Sattelwagen Otmm 52 entwickelt. An jeder Seitenwand waren zwei tiefliegende Öffnungen mit Verschlußschiebern angeordnet.
Die später vervollkommnete Bauart Otmm 57 erhielt größere Entlade-Öffnungen. Um das Entladen schlecht fließenden Schüttgutes zu erleichtern, wurde außerdem die Neigung der Auslaufrutschen von 40° beim Wagen Otmm 52 auf 44 bis 45° beim Wagen Otmm 57 geändert.
Die regelbare Entleerung ermöglichte die Beschickung von Förderbändern und – mit den schwenkbaren Gleitboden-Verlängerungen – auch von Bunkern.
Die geschweißten Untergestelle bestanden aus stählernen Walzprofilen. Der Kasten wurde aus Stahlblechen (St 52 mit Kupferzusatz) zusammengeschweißt. Es wurden Radsätze der Bauart 88 mit UIC-Rollenlagern verwendet. Die Wagen Otmm 57 erhielten ein-

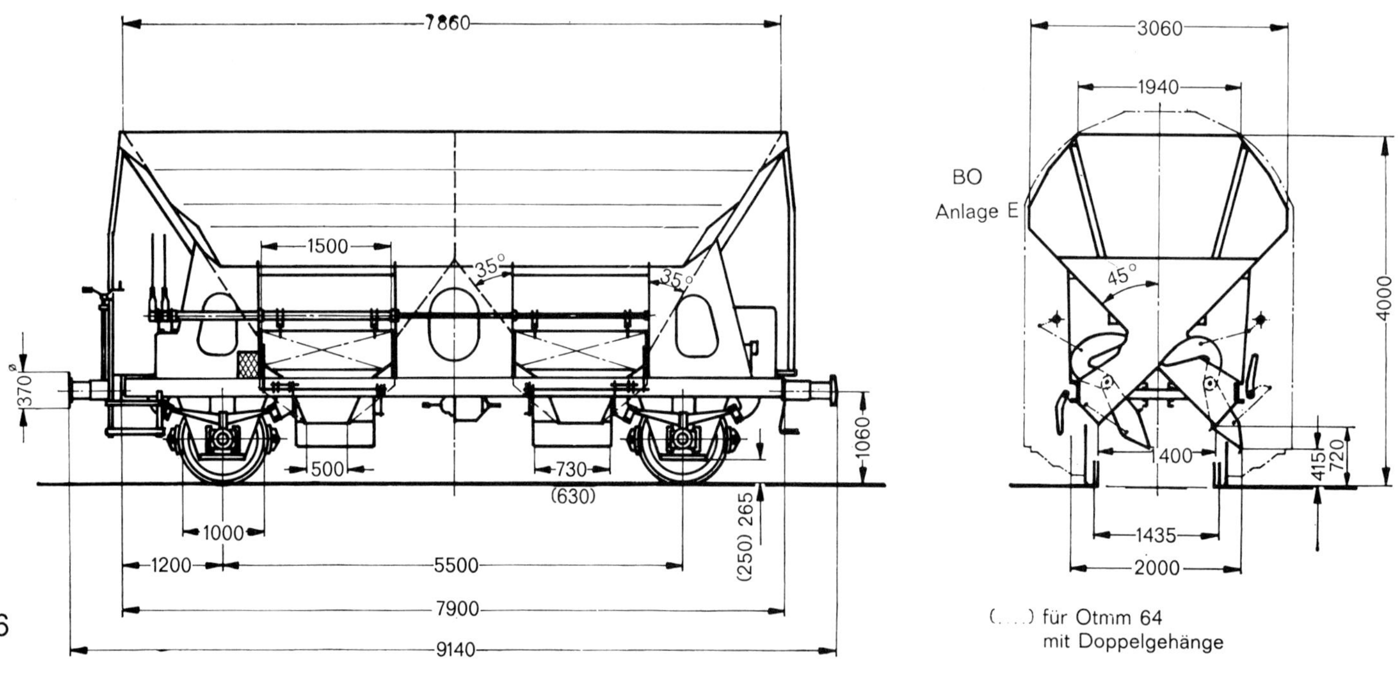

(....) für Otmm 64
mit Doppelgehänge

fache Rechteck-Schakengehänge, die konstruktiv verbesserten Wagen Otmm 64 jedoch Doppel-Schaken und dadurch bedingte geringfügig veränderte Abmessungen.
Für die Konstruktion der Wagen Otmm 57 (im Jahre 1957) und der Wagen Otmm 64 (im Jahre 1959) sorgten Talbot in Aachen und die DB.
An den Lieferungen der 2 660 Wagen Otmm 57 und 5 560 Wagen Otmm 64 beteiligten sich die Maschinenfabrik Esslingen, Talbot, die DWM in Berlin, Rathgeber, Orenstein & Koppel, Uerdingen und andere Firmen.

Die Selbstentlader-Wagengattungen hatten ein Eigengewicht von etwa 11 700 kg, einen Laderaum von 33,5 m³ und eine zulässige Höchstgeschwindigkeit von 100 km/h, die beim Otmm 64 nur aus bremstechnischen Gründen auf 80 km/h begrenzt war. Die Lastgrenzen der Wagen betrugen 20,5 t (A), 24,5 t (B) und 28,5 t (C).
Die beiden Zeichnungen zeigen die Funktion der Entlade-Einrichtung und die Einzelmaße im Aufriß und in der Stirnseitenansicht.
Die Länge der Ladeöffnung war mit 7 860 mm, ihre Breite mit 1940 mm bemessen.

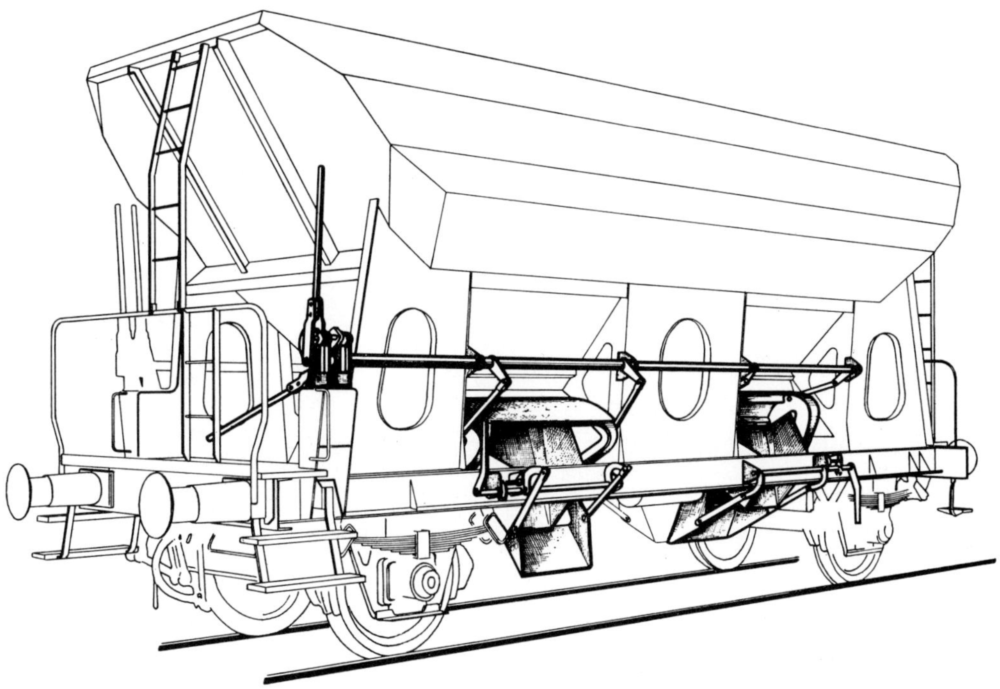

1957

Vierachsige Reisezugwagen, Gattung C 41–57

für die Irakischen Staatsbahnen

Die vierachsigen 26,4-Meter-Wagen, im Foto der Wagen Nr. 18 429, erhielten zwölf 2. Klasse-Abteile mit gepolsterten kunstlederüberzogenen Sitzen. Die Seitenwand- und Gangwandfenster hatten Schiebegardinen. Der geschweißte Wagenkasten war mit Übersetzfenstern in Doppelscheibenausführung mit 1200 mm Breite in der ersten und 1000 mm Breite in der zweiten Klasse ausgestattet. Die 1. Klasse-Wagen erschienen schon 1954. Ein kardangetriebener Generator sorgt für die elektrische Energie. Das Primärnetz erhielt 24 Volt Gleichstrom. Ein Quecksilber-Turbo-Wechselrichter oder ein Einankerumformer speisten die Leuchtstofflampen (200 V, 100 Hertz).

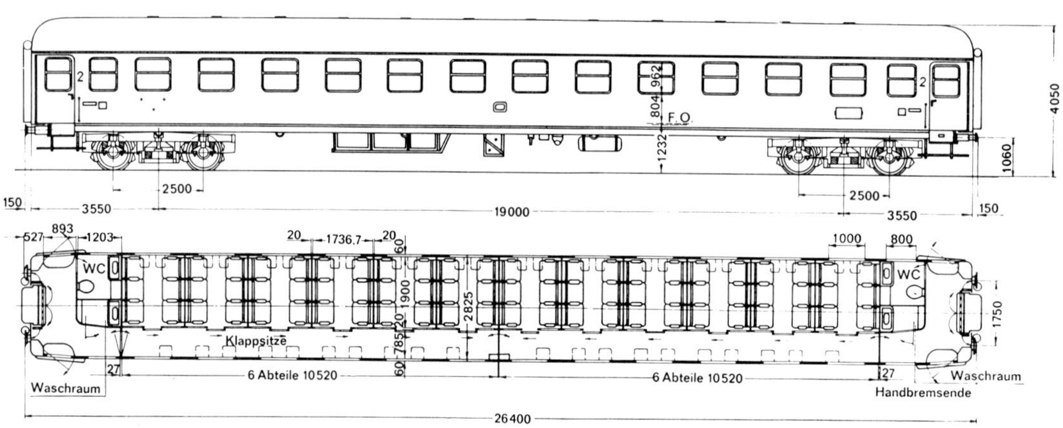

1957

Vierachsige Reisezuwagen, Gattung C 41–57

für die Irakischen Staatsbahnen

Die ME lieferte 1957 eine Serie solcher meterspurigen 3. Klasse-Wagen in einer leichten Ganzstahl-Konstruktion nach den Spezifikationen der Crown Agents London. Die Wagen erhielten klimabedingt ein doppeltes Sonnenschutzdach aus Aluminium. Der Wagengrundriß sah 2 Großabteile mit mittleren Einstiegen vor. Die Toiletten befanden sich in Wagenmitte.
Eine einfache Inneneinrichtung mit einer Verkleidung der Seiten- und Stirnwände aus gestrichenem Sperrholz und Aluminiumbelag, eine Innendecke aus gestrichenen Hartfaserplatten und Rohrgestellsitze mit Federkörben und Rattangeflecht entsprachen den irakischen Reisegepflogenheiten im Alltagsverkehr.

Weitere Merkmale waren die eingebauten Dach-Ventilatoren, eine Vakuumbremse der Westinghouse Brake Co. und ABC-Kuppler. Die Drehgestelle erhielten Timken-Achsrollenlager.

Und das sind die Hauptdaten der Wagen:

Wagenkastenlänge	18 593 mm
Länge über Puffer	19 765 mm
Wagenkastenbreite	2 819 mm
Wagenkastenhöhe über SO	3 734 mm
Drehzapfenabstand	13 869 mm
Zahl der Sitzplätze	88
Wagengewicht	23,6 t

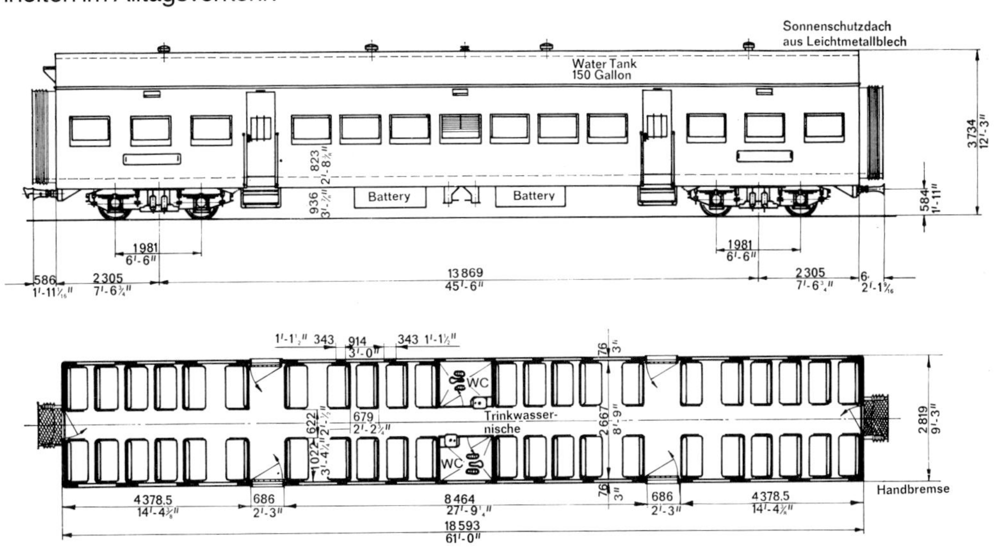

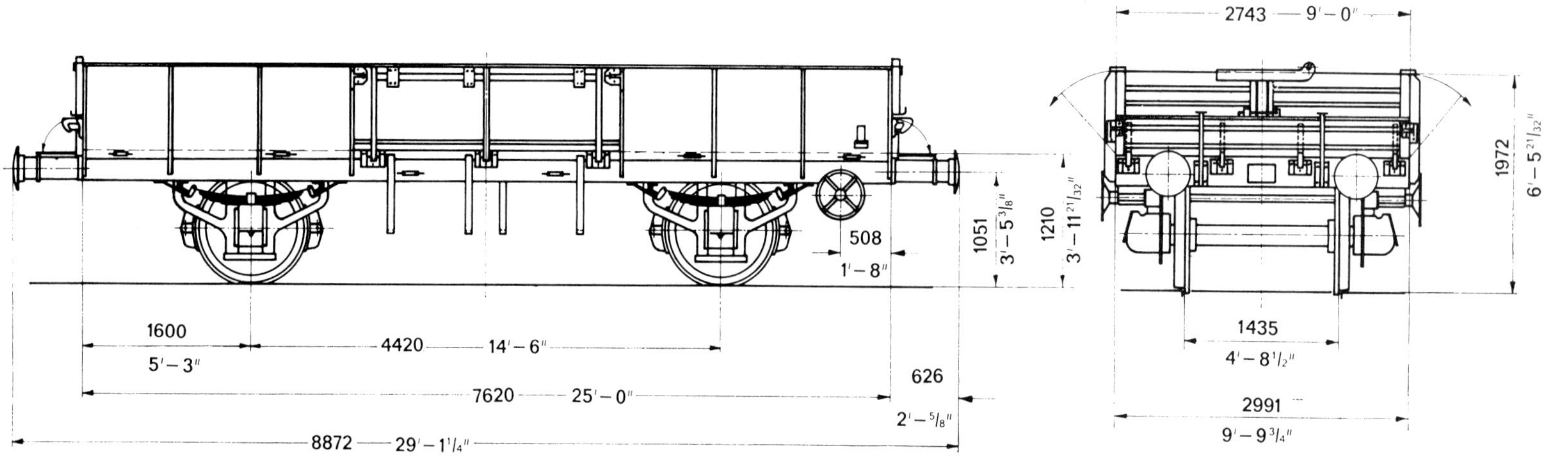

1957

Zweiachsiger Niederbordwagen ▲

für die Irakischen Staatsbahnen

Die Irakischen Staatsbahnen (Iraqui Railways, Bagdad) hatten sowohl für ihr Meterspurnetz als auch für ihre Regelspurstrecken verschiedenes Rollmaterial, darunter Lokomotiven, Reise- und Güterzugwagen, in Esslingen bauen lassen.
Diese Niederbordwagen für ein Ladegewicht von 25 t sind regelspurig. Sie wurden bei 11 t Eigengewicht hauptsächlich zum Transport von Stück- und Schüttgütern gebraucht. Die im Zollsystem gebauten Fahrzeuge waren geeignet, auch Traktoren und Kettenfahrzeuge zu befördern. Dazu konnten die unteren Stirnwandklappen, bei gleichzeitigem Anlegen der oberen Stirnwandklappen an die Seitenwände, auf die Puffer geschwenkt werden, wodurch ein Überrollen der geladenen Straßenfahrzeuge von einem Wagen zum anderen möglich war.
Das Laufwerk erhielt Gleitlager-Radsätze, Flachstahl-Achshalter, eine automatisch wirkende Westinghouse-Vakuum-Bremse und eine von den Seitenwänden aus bedienbare Handbremse.
Die Wagen stellen eine geschweißte Ganzstahl-Konstruktion dar, deren Puffer Evolutfedern erhielten.

1957

Diesel-Triebzug mit Beiwagen ▶

für die Piraeus-Athen-Peloponnes-Eisenban

Der aus mehreren eingereichten Konstruktionsvorschlägen internationaler Hersteller schließlich in Athen ausgewählte Entwurf der Maschinenfabrik Esslingen führte zum Erfolg. Die staatseigene Peloponnes-Bahn, die ein fast 900 km langes Meterspur-Streckennetz verwaltete und betrieb, bestellte im Jahre 1957 in Esslingen sieben Triebwagen-Züge mit Beiwagen.
Die Ausschreibungsbedingungen erforderten mindestens 1000 PS Antriebsleistung. Der dreigliedrige und 40 404 mm lange Triebzug erhielt demzufolge an jeder Kopfseite je ein zweiachsiges Maschinen-Drehgestell mit Mercedes-Benz-Motor MB 836 Bb und ein Zwei-Wandler-Getriebe T 24 r von Voith. Die Mittel-Drehgestelle waren Laufgestelle in Jakobs-Konzeption. Unser Montage-Foto vermittelt eine Werkstatt-Impression vom Aufsetzen eines Triebwagens auf die Drehgestelle.
Die einzelnen kurzgekuppelten Wagenteile hatten Faltenbalg-Übergänge. Der Zug enthielt ein Großraum-Abteil 1. Klasse, zwei Großräume 2. Klasse, sowie Gepäckraum, Küche, Bar und WC. Der bei Bedarf anzuhängende vierachsige Beiwagen besaß einen Großraum 2. Klasse und zwei WC. Die Länge des 18,9 t schweren Drehgestell-Beiwagens maß über Kupplung 17 904 mm. Das gesamte Platzangebot des 90 km/h schnellen Zuges belief sich auf 92 Sitzplätze im Triebzug (1. Klasse 21, 2. Klasse 60, Bar 4, Notsitze 7) und 60 Sitzplätze im Anhänger (2. Klasse 56, Notsitze 4).
Der Versand dieser Esslinger Fahrzeuge nach Athen sollte eigentlich mit Transport-Drehgestellen über den Schienenweg gehen. Die zwischenzeitliche Fertigstellung des Stuttgarter Hafens ermöglichte dann jedoch die preisgünstigere Speditionsweise über den Nekkar und Rhein nach Antwerpen und von dort aus auf dem Seeweg nach Piraeus.
Nach Auslieferung dieser sieben Züge und der sieben Beiwagen schloß die Ferrostaal AG, Essen, als Handelsgesellschaft des Gutehoffnungshütte-Konzerns, mit der Griechischen Staatsbahn einen Vertrag auf zehn dreigliedrige, 81 300 mm lange 1600 PS-Regelspur-Diesel-Triebzüge ab, deren Entwicklung und Bau ebenfalls die Maschinenfabrik Esslingen übernahm.

1958

Großraumzug mit Wagen Nrn. 13 und 37

für die Überland-Straßenbahn Esslingen – Nellingen – Denkendorf

Alle Fahrzeuge dieser reizvollen Überland-Bahn kamen aus den Werkstätten der Esslinger Fabrik. In den Jahren 1957/1958 baute die ME zusätzlich zwei neuentwickelte Großraum-Wagen-Züge (bestehend aus je einem Motor- und einem Beiwagen).
Die 16 m langen Motorwagen erhielten 48 Sitz- und 108 Stehplätze, die ebenso langen Anhänger auch 48 Sitz-, aber 122 Stehplätze. Alle Wagen waren vierachsig und mit Drehgestellen ausgerüstet. Die Drehgestelle der Motorwagen entsprachen denjenigen der Stuttgarter Gelenktriebwagen GT 6.
Die Fahrleitung speiste man mit 750 Volt Gleichstrom. Hier hatte der Fotograf in einer Kehre auf dem Zollberg oberhalb von Esslingen einen der meterspurigen Großraumzüge abgelichtet.

1961

Vierachsige Reisezugwagen

für die Finnischen Staatsbahnen

Mit der Lieferung der Esslinger 26,4 m-Ganzstahl-Reisezugwagen begann bei den Finnischen Staatsbahnen im Jahre 1961 eine grundlegende Erneuerung des Reisezugwagen-Bestandes. Esslingen baute 15 solcher Wagen als Prototyp-Fahrzeuge, teils mit Drehgestellen der Bauart Minden-Deutz, teils München-Kassel und teils solche des Typs SIG.
Nach zweijähriger finnischer Erprobung folgte der Lizenzbau im Werk Pasila in Finnland. Es handelte sich um mehrere hundert Wagen, die scheibengebremste Minden-Deutz-Drehgestelle und – für einige Wagen – sogar Magnet-Schienenbremsen erhielten.
Die Außenlackierung in Stahlblau-Silbergrau verlieh den mit Gummiwulst-Übergängen und vierflügeligen Stirnwand-Falttüren ausgestatteten Fahrzeugen einen Hauch von Exklusivität.

Die Fotos zeigen den AB 4ymg-Wagen (1. und 2. Klasse) sowie den Blick in ein 2. Klasse-Abteil. Die drei Typzeichnungen vermitteln jeweils Aufriß und Grundriß der drei Wagengattungen.

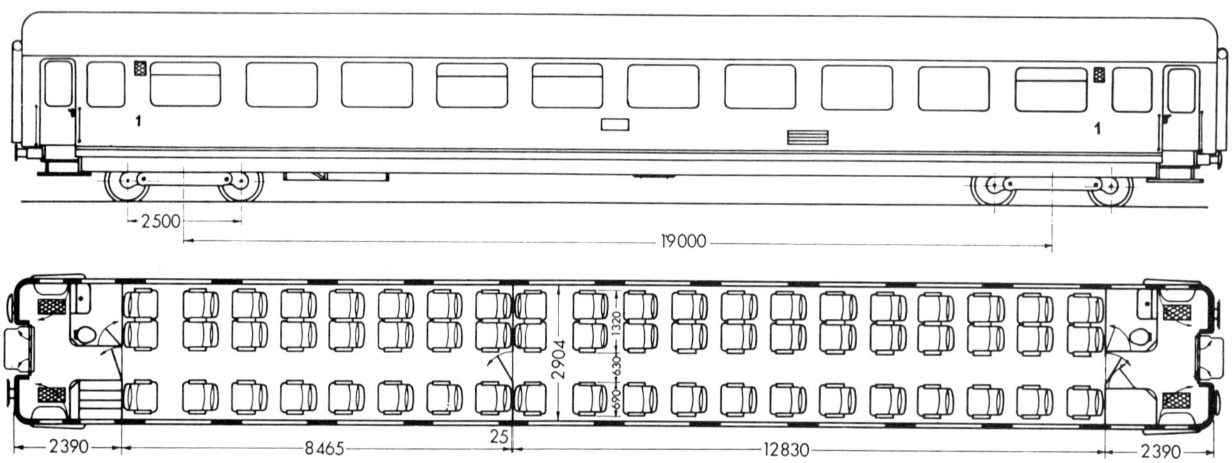
1
1
2500
19000
2904
1320
630
690
2390
8465
25
12830
2390

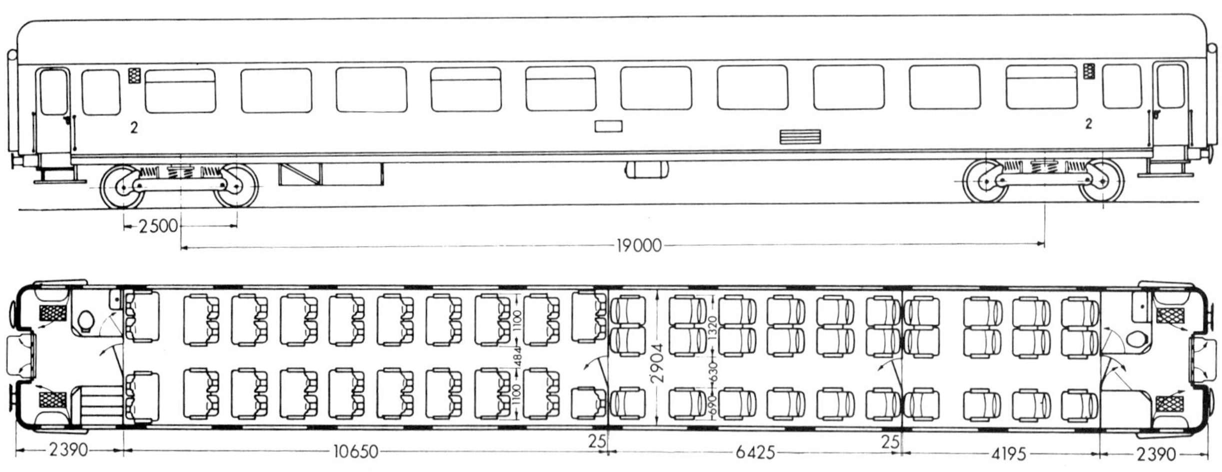
2
2
2500
19000
1100
484
1100
2904
1320
630
690
2390
10650
25
6425
25
4195
2390

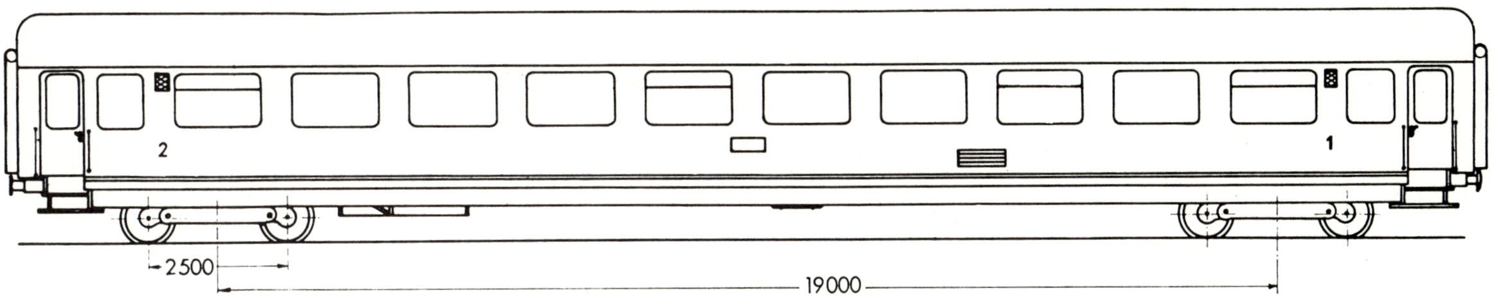

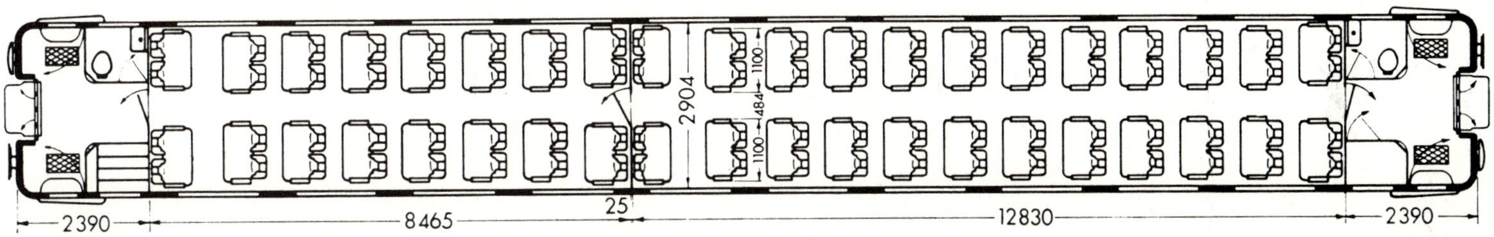

Alle Großraum-Abteile der drei Wagenausführungen (1. Klasse A 4ymg, 2. Klasse B 4ymg und 1./2. Klasse AB 4ymg) bekamen Wandbeläge aus Perstorp-Kunststoff, gepolsterte Drehliegesitze mit Kopfpolster und Armlehnen.
Die später in Variationen gebauten Reisezugwagen (finnische Gattungen CEit, CEmt, Rt und Cht) basieren in ihrer Konzeption auf diesen Esslinger Vorauslieferungen, die damals noch folgende Energieversorgung hatten:
Turbowechselrichter (220 V/100 Hz), durch Kardanwelle angetriebener Drehgestell-Generator und Nickel-Cadmium-Batterie (24 Volt). Die Fahrgasträume wurden mit Leuchtstoffröhren beleuchtet. Eine LUWA-Jettair-Warmwasserheizung mit ölgefeuertem Hagenuk-Kessel entsprach den Wünschen des Bestellers.

Die Hauptdaten der Esslinger Wagen waren:

Länge über Puffer	26 400 mm
Drehzapfenabstand	19 000 mm
Wagenkastenbreite über Blech	3 074 mm
Wagenkasten Höhe über SO	4 130 mm
Achsstand der Drehgestelle	2 500 mm
Betriebsgewicht	40,1 t
Höchstgeschwindigkeit	140 km/h
Sitzplätze	
A 4 ymg	60
B 4 ymg	80
AB 4 ymg	30 + 39
Spurweite	1520 (1524) mm

1962

Diesel-hydraulischer Triebzug

für die Griechische Staatsbahn

Den Reisenden der zehn dreigliedrigen Normalspur-Dieseltriebzüge (1 600 PS) standen ausschließlich Fahrgast-Großräume der 1. und 2. Wagenklasse zur Verfügung. Das 1.-Klasse-Großraumabteil brillierte in roter, der Großraum 2. Klasse in blauer und die Bar im Mittelwagen in rot-blauer Farbe.
Die Bar wurde mit golddurchsetztem, lilafarbenem Dekor ausgestattet. Sämtliche Sitze, die mit Wollplüsch in der ersten und Kunstleder in der zweiten Klasse gepolstert wurden, sind patentierte Dreh-Liege-Sitze mit verstellbaren Rückenlehnen. Die Sitze (außer in der Bar) ließen sich problemlos in die jeweilige Fahrtrichtung drehen. In den Armstützen befanden sich Aschenbecher und Beschläge für einsteckbare Tische zum Servieren an den Plätzen.
Die Bar-Einrichtung bestand aus der Theke, dem eingebauten Kühlschrank, einer Koch- und Spülbecken-Kombination mit Dunstabzug, einem Heißwasserspeicher, einem Trinkwasserkühler und aus der Kaffeemaschine.
Alle Räume erhielten Warmluftheizung, halbherablaßbare Seitenwandfenster und Lautsprecher-Informationsanlage.
Das Maschinendrehgestell war eine Sonderbauart der Maschinenfabrik Esslingen. Der dreiteilige Zug war 81,3 m lang und für die damals in Griechenland höchstzulässige Geschwindigkeit von 105 km/h geeignet, jedoch für eine Konstruktionsgeschwindigkeit von 140 km/h ausgelegt. Unser Foto vermittelt einen Blick in den 1. Klasse-Großraum.

1963

Zur Konjunktur

Im Jahre 1962 erreichte die bundesdeutsche Waggonindustrie, nach Jahren der Umsatzrückgänge, einen bis dahin nur noch 1958 annähernd erreichten Jahres-Spitzen-Umsatz von 550 Millionen DM. Aber schon ein Jahr später fiel die Gesamtzahl der von allen deutschen Fabriken gebauten Eisenbahnwagen und Triebwagen von 17 315 (damals höchste Nachkriegsproduktion in der Bundesrepublik) auf nur noch 13 900 Einheiten ab. Damit sank auch die Zahl der Beschäftigten auf 17 650 Personen, zumal im Jahre 1964 die Gesamtzahl der neugebauten Fahrzeuge weiter auf 12 910 Stück zurückfiel.
Oft blieb nur wenig Zeit, um über Hintergründe und Auswirkungen von verlorengegangenen Aufträgen oder über Fertigungsprobleme zu diskutieren.

Kostensteigerungen, Ausschreibungsmodalitäten, Wettbewerb und das Überdenken der eigenen Unternehmensstruktur gehörten in den Themenkreis sorgenvoller Aussprachen und Konferenzen. Unser Foto zeigt den Verfasser (links) im Juni 1963 im Gespräch mit dem Waggonbau-Betriebsleiter der Maschinenfabrik Esslingen, Kurt Tilch, über die Zukunftsperspektiven des Esslinger Wagenbaues.

1963

Die ersten ganz Niedrigen:

Sechsachsiger Spezial-Tiefladewagen, Gattung Sad 321SSt

für die Deutsche Bundesbahn

Die Deutsche Bundesbahn hat zusammen mit der Maschinenfabrik Esslingen solche Tiefladewagen zur Beförderung von Eisenbahnfahrzeugen entwickelt und von der ME bauen lassen.
Bei diesen Wagen wurde erstmals unter Nutzung des „kleinen

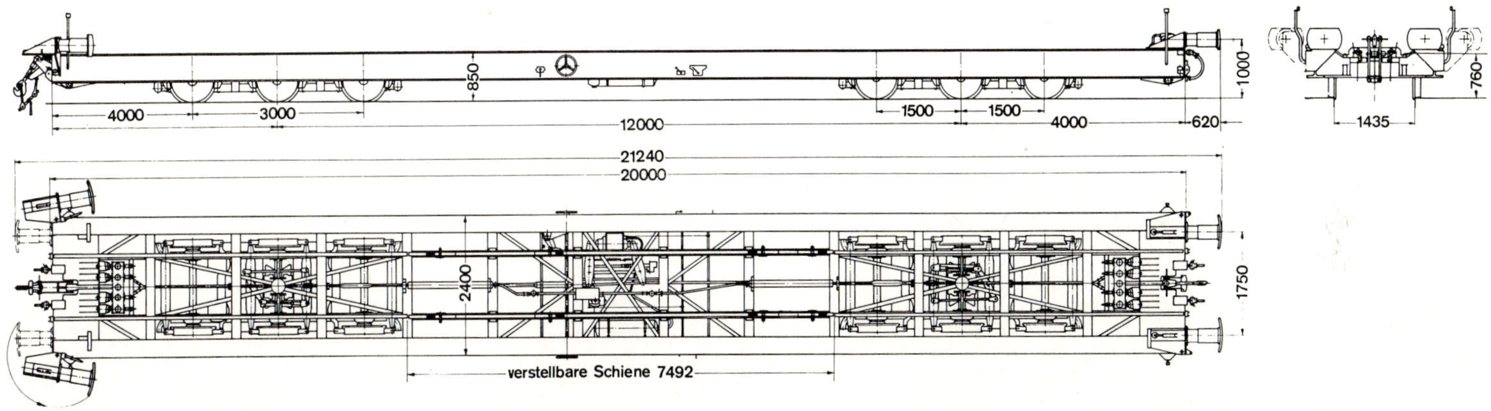

Rades" (730 mm Durchmesser) die niedrige Ladeschienen-Oberkante von 760 mm über SO erreicht. Die beiden dreiachsigen Drehgestelle waren mit einem geschweißten Tiefrahmen ausgeführt, statisch bestimmt nach dem Gerber-Prinzip mit Kragträger, Schleppträger und Verbindungsgelenk.
Die beschränkte Konstruktionshöhe ermöglichte keine Achsfederung, weshalb die aus Peiner Trägern bestehenden Rahmen mit Dehnschrauben an den Gehäusen der innen liegenden Pendelrollen-Achslager aufgehängt worden sind.
Die Hochleistungs-Hülsenpuffer mit je 59 t Endkraft und die Zugvorrichtung mit einer Endkraft der vier Kegelfedern von zusammen 64 t sind an einem starken Kopfstück befestigt. Die Puffer konnten seitlich ausgeschwenkt, die Zughaken nach unten abgesenkt werden.
Der über die Querträger durchgehende Schienenstrang hatte eine Spurweite von 1 000 mm, die im Drehgestellbereich unveränderlich war. Auf 7 492 mm Länge in Wagenmitte konnte jedoch die Spurweite im Bereich von 750 mm bis 1 524 mm verstellt werden. Die gelieferten Wagen waren für 100 km/h Höchstgeschwindigkeit und für eine Lastgrenze von 60 t ausgelegt.
Unser Werkfoto veranschaulicht einen solchen Wagen mit aufgeladenem Straßenbahn-Gelenktriebwagen GT 4 der Stuttgarter Straßenbahnen. Die Zeichnung enthält die Hauptabmessungen des 26,4 t wiegenden Wagens der Gattung Sad 321 SSt.

2

1964

Reisezugwagen für die Indonesischen Staatsbahnen

Die Indonesischen Staatsbahnen beschafften über die Ferrostaal AG, Essen, bei der Waggonbauabteilung des Werkes Nürnberg der MAN und bei der Wagenbauabteilung der Maschinenfabrik Esslingen eine größere Anzahl von Reisezugwagen für ihr Kapspur-Netz.

Die 1963 herausgegebene Auftragserteilung umfaßte vierachsige 3. Klasse-Wagen (MAN), Speisewagen (MAN) und vierachsige 2. Klasse-Wagen (Maschinenfabrik Esslingen), jeweils in Drehgestell-Bauweise. Darüber hinaus wurde auch das Werk Köln-Deutz von Westwaggon an der Lieferung von 3.-Klasse-Wagen und von Minden-Deutz-Drehgestellen beteiligt.

Zur weiteren Modernisierung des indonesischen Eisenbahnbetriebes bestellte die dortige Bahnverwaltung außerdem im Jahre 1964 Oberbau-Material in den Niederlanden sowie zusätzliches Rollmaterial (Touristik-, Post- und Speisewagen) bei der Waggenfabrik Gyor in Ungarn.

Die Esslinger Lieferungen der 15 indonesischen Stahl-Leichtbau-Reisezugwagen 2. Klasse (Gattung BW 9001 . . .) begannen im Jahre 1964. Die Hauptdaten lauteten:

Länge über Mittelkupplung	20 920 mm
Wagenkastenbreite über Blech	2 990 mm
Wagenkastenhöhe über SO	3 700 mm
Betriebsgewicht	28,5 t
Zulässige Höchstgeschwindigkeit	90 km/h
Konstruktionsgeschwindigkeit	120 km/h
Spurweite	1 067 mm

Die traditionsreiche Maschinenfabrik Esslingen hatte bereits im Jahre 1963 einen Verlust von nahezu 9 Millionen DM ausgewiesen und konnte auch im Jahre 1964 die Rentabilitätsgrenze nicht erreichen. Ein „Gesundschrumpfen“ stand bevor. Die Indonesien-Wagen gehörten schon zu den letzten Lieferungen des Esslinger Waggonbaues, von dem man 1965 Abschied nehmen mußte. Ein Teil der technischen Unterlagen ging an die 1930 gegründete Ferrostaal AG, mit der die ME nicht nur im Indonesien-, sondern schon früher in vielen Exportgeschäften zusammenarbeitete.

1964/65

Der Schlußpunkt:

Rheingold-Großraumwagen, Gattung Ap 4üm

für die Deutsche Bundesbahn

Als nach dem zweiten Weltkrieg die DB plante, den berühmten „Rheingold"-Zug entsprechend der Vorkriegstradition wieder aufleben zu lassen, geschah das zunächst als Improvisation mit aufgearbeiteten Vorkriegswagen der 1. Klasse. Das stellte eine Übergangslösung dar, die nach Indienststellung neu zu konstruierenden Rollmaterials ihre Schuldigkeit getan hatte. Der „Rheingold" sollte aus der Zahl der Fernschnellzüge herausgehoben werden. Als sich von 20 000 befragten Personen 25 % für den Großraumwagen, aber 75 % für den Abteilwagen ausgesprochen hatten, entschied sich die DB für die Entwicklung und den Bau beider Wagengattungen im Verhältnis 1:2. Am Bau dieser zunächst von der Waggonfabrik Gebr. Credé in Kassel gelieferten Großraumwagen beteiligte sich einige Zeit später die Maschinenfabrik Esslingen.

Die Wagen mußten einem Pufferdruck von 200 t und einem Längs-Diagonaldruck auf das Untergestell von 50 t widerstehen können. Für den Längsdruck auf die Stirnwände (350 mm über Puffer)

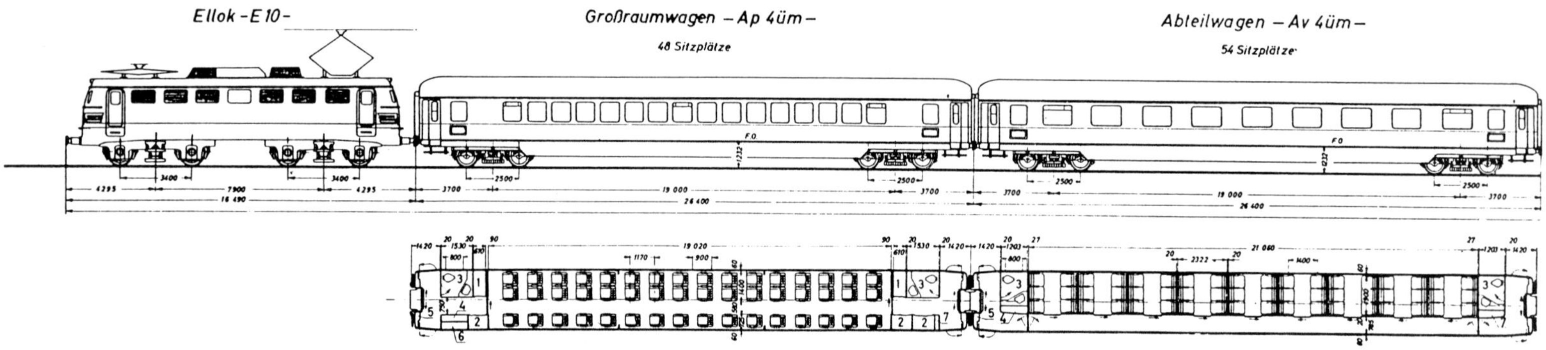

waren mindestens 40 t ohne bleibende Formänderung vorgeschrieben.
Die Seitenwände der Wagen wurden mit naturfarbenem Nußbaumholz verkleidet. Auch die beiden Großraum-Eingangstüren bestanden aus Nußbaumholz und bekamen mit matten Streifen versehene Hartglasscheiben. Es handelte sich um selbstöffnende und -schließende Schiebetüren. Die in Fahrtrichtung verstellbaren Polstersitze hatten folgenden Aufbau: Grundrahmen mit Stahl-Federkern, darüber ein Gummihaarformstück und eine 10 mm dicke Kappe aus Polyurethan-Schaum mit synthetischem Polsterstoffbezug.

Die Achsgeneratoren erzeugen jeweils 12,5 kW Drehstrom von 110 Volt, der über einen Silizium-Gleichrichter der 110-V-Batterie (200 Ah) zugeführt wird. Ein Einankerumformer transformiert diese Spannung auf die von den Leuchtstoffröhren benötigten 220 Volt Wechselstrom von 100 Hertz.
Nach Auslieferung dieser Wagen hörte der Esslinger Waggonbau auf. Mit ihrem riesigen Produktionsprogramm hatte die ME einen zu breit gefächerten Forschungs- und Entwicklungsaufwand betreiben müssen, womit sie schließlich überfordert war.

HBF
AUSGANG ZU DEN GLEISEN 1BIS 3,6 BIS 9
S